belle vue　人生風景・全球視野・獨到觀點・深度探索

ESG企業永續獲利致勝術

30個領先企業解析，不可不知的ESG產業新商機和品牌管理策略

作　　　者　申鉉岩、全成律
譯　　　者　高毓婷
總　編　輯　曹　慧
主　　　編　曹　慧
封面設計　比比司設計工作室
內頁排版　思　思
行銷企畫　林芳如
出　　　版　奇光出版／遠足文化事業股份有限公司
　　　　　　E-mail: lumieres@bookrep.com.tw
　　　　　　粉絲團：https://www.facebook.com/lumierespublishing
發　　　行　遠足文化事業股份有限公司（讀書共和國出版集團）
　　　　　　http://www.bookrep.com.tw
　　　　　　23141新北市新店區民權路108-2號9樓
　　　　　　電話：(02) 22181417
　　　　　　郵撥帳號：19504465 戶名：遠足文化事業股份有限公司
法律顧問　華洋法律事務所 蘇文生律師
印　　　製　成陽印刷股份有限公司
初版一刷　2023年9月
定　　　價　500元
I S B N　978-626-7221-32-7　書號：1LBV0043
　　　　　　978-626-7221334（EPUB）
　　　　　　978-626-7221341（PDF）

有著作權‧侵害必究‧缺頁或破損請寄回更換
特別聲明：有關本書中的言論內容，不代表本公司/出版集團之立場與意見，
文責由作者自行承擔
歡迎團體訂購，另有優惠，請洽業務部（02）22181417分機1124、1135

國家圖書館出版品預行編目資料

ESG企業永續獲利致勝術：30個領先企業解析，不可不知的ESG產
業新商機和品牌管理策略 / 申鉉岩，全成律著；高毓婷譯. -- 初版.
-- 新北市：奇光出版，遠足文化事業股份有限公司，2023.09

　面；　公分

ISBN 978-626-7221-32-7（平裝）

1. CST: 品牌行銷　2. CST: 行銷策略　3. CST: 個案研究

496　　　　　　　　　　　　　　　　　　　112011167

線上讀者回函

ESG

Environmental
Social
Governance

企業永續獲利致勝術

30個領先企業解析，不可不知的
ESG產業新商機和品牌管理策略

三星經濟研究所
首席研究員 **申鉉岩** │ 韓國西江大學
企管學院院長 **全成律** 著 │ 高毓婷／譯

Contents

Part 2
適應性，當浪來襲時就衝浪

Part 3
一致性，越是波濤洶湧，就越回到初心

Part 4
效率性：越是大浪，越要果斷

Part 5
實質性：大家一起乘風破浪

日本浮世繪畫家葛飾北齋的名作《神奈川沖浪裡》。

乘上浪頭，或被浪捲走

啪唰，啪唰，唰啦啦

擊打，粉碎，倒塌

高山峻嶺，巨石如屋

這是什麼，那又是什麼

呵斥著「你難道不知道我的力量龐大嗎」

擊打它，粉碎它，塌倒它

啪唰，啪唰，唰啦啦，咚

這是中學時讀詩人崔南善的詩作〈海對少年說〉第一部分。誦讀時，腦海中會浮現巨浪衝擊、粉碎後倒塌的畫面。

如果將巨浪高聳的模樣拍下來，大抵就像日本江戶時代浮世繪畫家葛飾北齋的畫作《神奈川沖浪裡》，這是以富士山為背景的版畫中

最受歡迎的作品。

提到高聳巨浪，還想起電影《驚爆點》，該片於1991年上映。衝浪客暨銀行劫匪派屈克・史威茲（Patrick Swayze），夢想乘上傳說中50年一見的大浪，以及為了逮到史威茲而偽裝成衝浪者的臥底探員基努・李維，兩人在片尾留下意味深長的餘韻。最後一幕，李維在史威茲要求乘上巨浪的請求下，終於解開手銬。史威茲於是遭高聳的巨浪吞噬而消失無蹤，也結束了這段罪犯和探員之間的孽緣。

在巨浪中衝浪很可怕，但是衝個小浪則令人愉快。在加勒比海灣，有個叫Surfing Ride的地方可以體驗衝浪。這裡剛成立時，筆者懷著好奇心在此練習衝浪，至今仍記憶猶新。始終沒能練好站姿，一直遭浪衝到岸邊。偶爾練一次絕對不可能提高實力。那麼想提升衝浪實力，應該生活在什麼樣的環境？喜歡衝浪的人應該從事什麼職業呢？

如果想衝浪的時候隨時都能乘風破浪就好了，但很少有人能這樣生活。如果公司就在海邊附近，當適合衝浪的浪潮襲來，馬上就能去衝浪，會是如何？衝浪者是否會想在這種公司上班？

允許員工在浪來時衝浪的公司

以製造登山用品聞名的Patagonia就是這樣的公司。如果員工

在上班途中遇到好浪，隨時都可以去衝浪。創辦人伊馮‧喬伊納德（Yvon Chouinard）將自己的經營哲學寫成《Let my people go surfing》[1]一書，由此可見一斑。不僅是衝浪，Patagonia員工去滑雪或登山的費用也都由公司支付。對於喜歡衝浪、登山等運動的人來說，這無疑是最棒的工作。

這麼做其來有自，因為喬伊納德自己就是充滿熱忱的攀岩者。Patagonia就是他為了製造自己需要的攀岩裝備而創立的公司。在Patagonia，區分何為工作、何為玩樂毫無意義。喬伊納德相信只有親自享受過的人，才能製造出最好的產品，因此提供員工直接使用攀岩和衝浪裝備的機會。甚至還為賣場打工的員工投保綜合健康險，這是為了吸引那些想透過打工賺錢享受冒險的運動迷加入公司。

這些人是狂熱愛好者，他們知道Patagonia的產品比其他公司的產品更優異。與其像來逛賣場的顧客推銷產品，不如真誠地講述自己的體驗。這就是Patagonia在戶外用品市場能成為獨一無二企業的原因。為了理解本書英名書名為何取名《Why does Patagonia sell beer》（為什麼Patagonia要賣啤酒），我們得更進一步了解Patagonia。

1957年，喬伊納德開始設計和製造攀岩裝備。最初製作的產品是攀岩時嵌入岩壁中的岩釘（piton）。但是他意識到岩釘會傷害他

1 譯註：韓文版書名為《Patagonia，浪來時就去衝浪》，中文版則是《越環保，越賺錢，員工越幸福！》。

深愛的岩壁，於是製造出不損傷岩石的岩械（chock）來取代岩釘。

　　想要攀岩，衣服也很重要。當時沒有登山服的概念，他卻有不同想法。他認為「登山服也是登山裝備的一種」。1970年冬季前往蘇格蘭攀岩時穿的橄欖球衣就是他的創意起源。「衣服質感扎實到可以承受橄欖球等激烈運動的程度，又有衣領，穿著登山可以防止產生傷口。用這種風格來做衣服不就好了？」這就是1973年Patagonia誕生的背景。

　　因喜歡攀岩和冒險而開始創業的喬伊納德在環境保護上有著不妥協的堅定經營哲學，所有棉織服裝都是用100%有機農法栽培的棉花製作的。堅持使用100%有機棉則有個契機。1988年，波士頓直營店的店員抱怨身體不舒服，調查結果顯示，是因為堆放在地下室的T恤有問題，釋放出知名有毒物質甲醛。

　　在該事件發生之前，喬伊納德一直堅信棉織品的原料棉花既有利於環境，又有利於人類。但是到了種植的農家一看，卻發現意想不到的事情。生產棉花的農民戴著防毒口罩，將有毒的農藥，甚至除草劑噴灑在棉花上。當時全世界有25%的農藥使用量都用於種植棉花的農場。他對此驚訝不已，決定此後只用100%有機栽種的原料製作衣服。當然，生產成本勢必提高，因此產品價格會上漲，銷售額也會減少。但是隨著認同Patagonia經營哲學的熱情消費者大量增加，出現了收益增加的奇異現象。

2011年更進一步打出「不要購買這件外套（Patagonia的產品）」的廣告。打廣告是為了鼓吹顧客購買自家產品，他們反而叫顧客不要買，這又是什麼奇怪的策略呢？即使是環保產品，在生產和消費過程中也會對環境造成負面影響。Patagonia為了鼓勵大家盡量修改現有產品，而不是購買新產品，所以推出上述廣告。乍看之下雖然是吸引消費者目光的策略，但如果與Patagonia數十年來一直追求的經營哲學連結，就是其他品牌無法企及的，有著Patagonia獨特真誠的故事。

最好的品牌策略始於經營哲學

2012年，Patagonia做出進入食品市場的罕見抉擇。為什麼突然要做食品生意呢？外套和服裝每隔幾年買一次，但食品每天或至少每週會買一次。喬伊納德認為保護環境真正需要做的，是食品生意。

Patagonia最先推出的產品是燻鮭魚。以不傷害魚身的方法捕獲鮭魚，燻製成產品上市。2013年成立食品子公司Patagonia Provisions，擴大產品範圍，產製100%有機農能量棒、湯品等。

2016年推出拯救地球的啤酒「Long Root ALE」。喝啤酒拯救地球？意思是如果賣出一罐啤酒，就會向環保團體捐多少錢嗎？在仔細看過內容後，不禁讚嘆Patagonia堅定保護環境的經營理念。

蘊含Patagonia經營哲學的啤酒：Long Root ALE。

　　小麥是一年生作物。換句話說，為了種植小麥，每年都要耕地。土壤是吸收二氧化碳的巨大儲藏庫，地球土壤中儲存的碳含量是空氣的三倍。但是，隨著為了栽培小麥而使用拖拉機等機械的大規模企業型農業擴張，本應留在土裡的大量碳開始排放到地面上。這是與氣候危機引發的碳中和潮流背道而馳的農法。「從依賴石化燃料的農業轉變為將碳送回土壤的有機農業」，這就是Patagonia Provisions的經營方針，又稱為環境再生型有機農業。Patagonia Provisions與普通有機農業不同的是，他們不耕種田地。這是怎麼回事？因為他們使用的啤酒原料不是我們熟知的小麥，而是使用多年生的小麥品種「Kernza」。

　　有趣的是，Kernza在沒有噴灑殺蟲劑的情況下也能茁壯成長，

透過根部吸收養分和水分的能力非常出色，因此生長所需的水或肥料使用量較少。由於根長超過三公尺、向地底延伸的特性，可以在地下儲存不少二氧化碳，因此公認是能應對氣候變化的作物。

　　但是當Patagonia想使用Kernza製作啤酒時，種植Kernza的農戶並不多。普通的小麥受氣候影響不大，在任何地方都長得很好。但是Kernza只在陰涼、寒冷地區茁壯成長，無法在溫暖或多雨地區成長。加上穀粒的大小只有普通小麥的五分之一，現有的製粉設備無法將小顆粒的Kernza碾碎成粉末。因為上述諸多原因，農民並不想種植Kernza。但是Patagonia展現誠意，為了推出以Kernza為原料的啤酒，不僅擴充相關基礎設備，並與種植的農戶簽訂契作合約。

　　但立意再好，不好喝也賣不出去。Patagonia為了啤酒的味道，與HUB（Hopworks Urban Brewery）攜手合作。該公司創立於2007年，在美國西岸的啤酒製造公司中，以最先獲得B Corporation認證，也就是永續經營企業認證而聞名。HUB和Patagonia Provisions氣味相投，都使用可再生能源保護環境，同時持續製造世界級品質的啤酒。

　　世界第一瓶環境再生型啤酒就此誕生。啤酒品牌命名為「Long Root」（「長根」之意）也是基於同樣的理由。這個名字體現啤酒原料Kernza的根長超過三公尺。這項企畫希望先吸引顧客「為什麼啤酒品牌的名字是『長根』？」的好奇，再告知其中原委，讓消費者

對此產生共鳴並欣然參與環境保護。真是有趣的想法。

事實上，Patagonia並不是為了賣酒才開拓這項業務的。比起小麥，他們更關注於Kernza對環境保護的重要性。但如果品牌名字就叫Kernza啤酒，光是要理解是什麼意思，就需要花費很多時間，忙碌的消費者連看都不會看一眼，因為陌生的單字很難引起好奇心。所以才打造出「Long Root ALE」（長根啤酒）這一稀奇古怪的品牌名。仔細想想真是個好名字。

Patagonia是非上市公司，拒絕公開募股。這點也和長根啤酒一樣獨具長遠眼光。以下是喬伊納德的說法：

股票上市的企業每年要比去年同期增長15%左右，因此很多企業刺激不必要的需求以謀求成長。人們認為成長是好的，但是健康地成長和只是體型臃腫的成長間存在極大差異。上市公司的重點是成長，超越合理範圍，只追求成長。但是從企業的立場來看，成長得越快，死亡得就越快，因為無法專注於長期計畫。因為健康和臃腫的差異，缺乏長期計畫等原因，所以才決定不上市。也就是說，比起盲目成長，即使有些緩慢，Patagonia也要追求扎實的成長。

後面會介紹ESG和MZ世代登場帶來的變化中，Patagonia具備了最與之相符的品牌原則。

大家一起乘風破浪吧

本書是為在ESG和MZ世代出現的新變化中，想打造永續品牌的人所寫的指南。筆者穿梭於商業理論和實戰現場，目睹品牌興衰，努力將永續品牌、長期受喜愛的品牌經營原則融入本書中。

Part 1，我們談到大家都在講，卻沒有人確切明白的ESG核心內容，以及其對商業環境的影響，並觀察成為新消費主體的MZ世代的特性。

通常我們會將MZ世代綁在一起講，但仔細觀察，會發現其中也有差異。M世代是嬰兒潮世代的子女，原本稱為Y世代（1980、90年代出生），在2000年成長到20歲時稱為M世代，也就是千禧世代。他們是最智慧型的消費者，也是擅長數位行銷的消費者。看待產品時，比起考慮價格，更會去觀察品牌形象、社會意義等多種要素。Z世代（1990年代中期到2010年代初出生）的父母是X世代（1960年代中期到1970年代末出生）。對於嬰兒潮世代來說，「好好活下去」是最高價值，但X世代卻並非如此，他們從學生時期就知曉政治是什麼、名分為什麼重要。他們的後代，也就是Z世代，不喜歡視為與M世代同等級。西方認為2003年出生的瑞典環境運動家葛蕾塔・童貝里（Greta Thunberg）就是Z世代的代表人物。對他們來說，談論多樣性、環境、動物福利再自然不過。

隨著ESG和MZ世代的崛起，近來談論品牌策略時，首先會觀察企業的經營哲學：為什麼這個品牌必須存在的「存在理由」（raison d'être），以及追求什麼「目的」（purpose）。如果不能實現這些目標，品牌將很難找到立足之地。

另外，不需要將品牌策略和經營哲學分開來思考。賈伯斯是經營者，他的公司是蘋果，生產的產品是iPhone。賈伯斯的想法稱為經營哲學，蘋果的品牌策略稱為企業品牌策略（或哲學），iPhone的品牌策略稱為產品策略。比起產品策略，企業的品牌策略具有更長期維持的特性。只要CEO繼續擔任這一職務，經營哲學就會持續下去，卓越的CEO精神則由繼任的CEO努力傳承下去。

書中將介紹ACES模型，這是ESG時代長期受歡迎的品牌應該具備的原則。ACES分別意味著適應性（Adaptability）、一致性（Consistency）、效率性（Efficiency）、實質性（Substantiality）（更詳細的內容請參照內文Part 1第3章）。

用ACES模型分析Patagonia案例的結果如下。企業考慮內外部環境的變化，制定相應的經營策略。當今時代的話題當然是ESG，所有企業在制定策略時都會考慮ESG。在環境保護方面，Patagonia不亞於任何企業，有著**高適應性**。

在制定品牌策略時，注重**一致性**是根本。難怪P&G公司的品牌策略是三個C，這三個C是「Consistency、Consistency、

Consistency」，重複了三次一致性。從創業開始就強調環境保護的Patagonia也有著合格的一致性。

說到**效率性**，首先想到的是投資與回收、投入與產出。但是Patagonia會跨足食品產業，是因為僅憑偶爾購買一次服裝產品很難改變世界。他們試圖將ESG與消費者每天接觸的食品相結合，更有效地傳達他們的品牌哲學。今後效率性的真正意義將產生這樣的變化。

實質性是指讓消費者說出「沒錯，正是因為這樣的原因，所以一定要買這項產品」的行為。要想引起這種決心，顧客必須在多種與消費者接觸的事物上體驗到特定經驗。Patagonia透過「不要買這件外套」的廣告和「Long Root」品牌激發了消費者的購買欲望。

如何打造受歡迎的人氣品牌？國際企業中受喜愛的公司正在展開什麼樣的品牌策略？以這種好奇心為基礎，我們翻遍了全世界的企業，發現許多有趣的案例。並過濾掉其中重複的案例，只挑選匯整出有意義的例子。在各章節最後出現的失敗案例也具有一定的意義。如果是亟需制定策略的讀者，可以從第2章開始閱讀。即便如此，也建議盡量抽出時間從頭開始閱讀，因為很難找到把ESG整理得如此清楚明瞭的書了。

ESG浪潮正在襲來，浪高如樓。為了突破這股波濤，好好衝浪，必須成為永續的品牌、長期受到喜愛的品牌。希望本書能幫助各位重新定位公司的品牌策略。

Part 1

我們需要
新的品牌語言

1

商業語法正在改變

⟳ 扣下扳機：勞倫斯・芬克的一封信

世界上所有的變化都有引爆點，也就是決定性的契機，在商業領域也是如此。創造新市場和新需求的最大障礙，是消費者的慣性、懷疑、習慣、漠不關心。就像開槍需扣下扳機一樣，要打破慣性、改變習慣得有決定性的契機。世界級顧問暨經濟學家艾德林・史萊渥士基（Adrian Slywotzky）在他的代表著作《引爆需求》[1]這麼說：

世人常以為更多的行銷、更好的廣告、更積極的促銷活動、發放優惠券、打折可以創造需求，但並非如此。真正的需求與那些策略方法無關。真正的需求創造者會盡力理解人們。

史萊渥士基認為，在創造需求過程中最重要的就是扣扳機。例如，1997年，Netflix以郵寄租借電影DVD的商業模式起家。Netflix

的付費會員數是收益和增長的指標，除了維繫現有會員，更努力增加新會員。Netflix致力在全美增加會員數，雖然在Netflix總部所在的舊金山會員數明顯增加，但在其他地區卻很難取得成果。

「舊金山的會員數有在增加，為什麼其他地區卻停滯不前呢？」

出現了這樣的聲音。「是因為總公司在這裡吧，難道是因為員工經常勸周遭的人加入？」

實際調查後發現並非如此。

「舊金山住了很多高科技人才。難道是因為是網路行家，所以很熟悉網路消費呢？」

但實際調查後發現也不是這樣。

「舊金山是相對富裕的地區。Netflix是奢侈品，不是必需品。」

如果是這樣，紐約的會員增加率應該非常驚人才對，但事實並非如此。

「這裡是加州，是電影產業據點，所以跟其他地區相比有更多影迷。」

如果是這樣的話，應該會在洛杉磯取得最佳成績。但顯然不是這樣。

答案就在意想不到的地方。Netflix的DVD物流中心位於舊金山。

---

1 譯註：《引爆需求：讓顧客無可救藥愛上你的6個祕密》（*Demand: Creating What People Love Before They Know They Want It*）。

Netflix初期的商業模式是這樣的。租借DVD的顧客看完後，將DVD直接放入郵筒，DVD會透過郵政系統返還給物流中心，再根據顧客提出的電影申請清單，將DVD配送到下一個顧客家中。由於距物流中心近，舊金山居民最遲兩天就能看到自己想看的電影。其他地區則不然，這正是讓需求擴散的障礙。因此Netflix立即在各主要城市設立物流中心，顧客的加入率瞬間增加兩倍。物流中心可以說是讓初期的Netflix成長的引爆點。

近來國際企業提出金科玉律般的口號，就是ESG。ESG是環境保護（Environmental）、社會責任（Social）、公司治理（Governance）三個英文字的字首所組成。企業的非財務要素ESG正在成為衡量企業價值和成果的主要指標。關於ESG熱潮，一度有人認為這是已過時的趨勢或潮流，但現在公認是國家和政府應關注的重要趨勢。那麼，將ESG傳播到全世界的扳機是什麼呢？貝萊德投信（BlackRock）執行長勞倫斯‧芬克（Laurence Douglas Fink）在2020年1月14日寄出的一封信，就是掀起這股巨大潮流的「扳機」。

貝萊德是全球最大的投資管理公司。全世界投資管理公司營運的總資金共約為100兆美元，而其中貝萊德掌控了10兆美元左右。

以2021年底為準，市值超過一兆美元的公司只有Apple、微軟、Alphabet（Google的控股公司）、沙烏地阿拉伯國家石油公司（簡稱沙烏地阿美）、Amazon。公司名稱改為「Meta」的Facebook也

不到一兆美元。如果以貝萊德的營運資金來說，即使買下其中四家，也綽綽有餘。

擁有這般規模的貝萊德在2020年度公開信中宣布「積極將ESG反映在投資管理上」。最具代表性的是將石化燃料相關銷售額超過總銷售額25%的企業排除在投資對象之外，並決定將追蹤ESG的指數股票型基金（ETF）增加到現在的兩倍，即150個以上。從那時起，韓國也開始颳起學習ESG的旋風。

2021年，貝萊德更進一步要求投資的對象企業「公開符合2050年實現淨零排放（net zero）的營運計畫」。要求說明如何將2050年實現淨零排放的目標融入企業的商業模式和長期策略中。2022年強調「資本的力量」（The Power of Capitalism）的概念。「『利害關係人資本主義』（Stakeholder Capitalism）並非政治。它既非一個社會或意識形態的議題，也不是『覺醒』（woke）。而是由您和您的企業仰賴的員工、客戶、供應商，以及所在社區之間的互惠關係（mutually beneficial）所推動的資本主義。這就是資本主義的力量。」[2]

全球規模最大資產管理集團貝萊德發出這封振振有辭的公開信，宛如扣下扳機，ESG成了全世界企業的當紅顯學。

---

2 譯註：參考自貝萊德官網：https://www.blackrock.com/tw/2022-larry-fink-ceo-letter。

當紅卻讓人摸不清頭緒的名詞：ESG

ESG具體來說帶來哪些變化？簡單來說，在企業管理方面，迄今都是考慮財務方面的決策，但今後要考量ESG這一非財務面的決策。筆者聽過很多這類言論，但確實有些令人困惑。實際上在授課現場也有很多人會提問。

「說環境很重要，但為什麼除了環境永續（E）之外，還提到社會責任（S）、公司治理（G）呢？」

「為了環境、為了社會，這都可以理解，但是為了治理，就不太能理解了。」

「社會是指人權，還是企業對社會的貢獻？」

這些問題很難明確回答。在企業管理和行銷領域工作了一輩子的筆者也同樣感到莫名。在徘徊找路時，在意外的地方找到了答案。那就是傑佛瑞・薩克斯（Jeffrey Sachs）。

哥倫比亞大學經濟學教授薩克斯在貧困及經濟開發領域譽為世界頂尖學者。他還以擔任聯合國第七任祕書長安南（Kofi Annan）、第八任祕書長潘基文、第九任祕書長安東尼歐・古特瑞斯（António Guterres）的顧問而聞名。薩克斯的代表貢獻包括制定「千禧年發展目標」（Millennium Development Goals，MDGs）和「永續發展目標」（Sustainable Development Goals，SDGs）。ESG有很多方

面是以薩克斯的想法為根據所提出，讓我們來一個個仔細瞧瞧吧。

2000年，聯合國在「2015年前世界貧困人口比例減半」的口號下通過了MDGs，並為此追求人權普及、和平與安全、經濟發展、環境永續性、大幅減少極端貧窮等。受MDGs的影響，非洲的基礎設施增建，教育機會得到改善。南亞地區的流行性傳染病得到控制，嬰兒死亡率降低，絕對貧困狀況獲得改善，取得成效。

15年後的2015年，新通過了2016年至2030年間的「永續發展目標」。新採用的SDGs共有17個目標，大致可分為經濟繁榮（扶貧）、社會和諧與環境永續性。為了實際推動這些目標，需要「適當的治理」。對此，薩克斯強調有4個要素（確切地說是3+1）是SDGs的核心基礎。

乍看之下相似的MDGs和SDGs有什麼區別呢？與大多適用於貧窮國家、由富裕國家扮演捐贈者角色的MDGs不同，SDGs是適用於先進國家和發展中國家的議程。先進國家如美國和非洲貧窮國家如馬利，都應該學習同樣的永續生活方式。因為富裕國家也和貧窮國家一樣，需要更多的社會融合、性別平等、低碳、再生能源系統。

然而經濟繁榮、社會融合與和諧、環境永續、適當治理這四個要素是不能分開單獨解決的。因為氣候問題會引發社會變化，乾旱會導致衝突和戰爭。這四個要素中，目前最受關注的焦點是「環境」。環境一旦破壞就無法挽回，復原力遠低於其他要素。

E（環境永續），來減碳吧

2012年，德國非營利組織墨卡托全球公域與氣候變遷研究所（Mercator Research Institute on Global Commons and Climate Change，MCC）成立，為了人類的健康生活進行經濟及社會科學研究，而其營運的碳鐘（Carbon Clock）則反映全世界的二氧化碳排放量。

根據MCC研究預測，以人類開始觀測氣溫的1880年為基準，2028年1月地球溫度將上升1.5°C，到了2045年11月全球氣溫將上升2.0°C。但是科學家認為，若不能阻止溫度上升2°C，將發生無法挽回的環境災難。我們剩下的時間不多了。100%使用再生能源經營企業的RE100、綠色能源（Green Energy）、碳經濟、電動車等近來的焦點都很難與環境問題脫鉤，原因就在於此。

讓我們來看幾個蔚為話題的用詞術語。

「負碳排」（Carbon Negative）是指與企業排放的溫室氣體（主要是二氧化碳）量相比，增加吸收的溫室氣體量，使二氧化碳淨排放量達到負值。在微軟宣布於2030年前實現負碳排後，這一概念開始受到關注。還有「減碳正效益」（Carbon Positive）一詞。這不是負碳排的反義詞，而是積極（Positive）管理碳排放量的雄心壯志。使用這一詞的代表企業，就是在前言中介紹的Patagonia。

各位應該也聽過「淨零排放」（Net Zero）。Net Zero是指碳排放量等同於碳吸收量的狀態。微軟的目標是在2030年實現負碳排、2050年實現零二氧化碳排放。不是淨零排放，而是零排放，這是非常了不起的計畫。為此，微軟宣布將在2025年前修建只使用再生能源的系統，並正努力實現這一目標。

建立零碳體系需要天文數字般的資金。儘管如此，將利潤視為最高價值的跨國企業為什麼紛紛開始實施零碳排放呢？在瞭解之前，先讓我們來聊一點別的吧。

地球大氣中氮含量最多，約占78%，然後是21%的氧和0.9%的氬。這三項構成地球大氣的99.9%。氣候變遷的主角二氧化碳只占0.03%，但問題在於其特性。氮、氧、氬幾乎不會吸收從地表進入太空的紅外線。相反地，二氧化碳會吸收紅外線。當二氧化碳吸收紅外線時，碳分子就會處於激發態（excited state）。為了再次維持穩定狀態會釋放能量，這種能量會使地球發熱，這種現象稱為「溫室效應」。地球平均氣溫維持在15°C就是因為溫室效應。

工業革命以後，隨著石化燃料的使用急劇增加，二氧化碳排放量也劇增，大氣內的二氧化碳量也不斷增加。工業革命前大氣中的二氧化碳占0.03%，現在則約為0.04%。變化看似微小，但僅僅增加0.01個百分點，地球的平均溫度比工業革命前上升了1°C。如果維持目前的趨勢，地球溫度再上升1°C，就會發生海平面上升、農作物受損、

大規模森林火災等巨大環境災難。

　　實際上，隨著地球溫度上升，平均海平面高度在20世紀上升了約15公分。與1990年相比，預計到2100年，海平面將再上升20～90公分左右。由於此前已排放的溫室氣體，即使今後數十年內大幅減少溫室氣體排放量，地球的溫度上升還是會持續相當長的一段時間，海平面也將持續升高。考慮到世界約40%的人口生活在距離海岸100公里以內，多達一億人生活在海拔一公尺以下的地區，這些變化很可能引發巨大災難。

　　因此為了防止災難，世界各國、國際機構、全球企業的目標是阻止0.5°C線進一步上升。正在加快應對氣候變遷速度的歐洲中央銀行（ECB）總裁克莉絲汀・拉加德（Christine Lagarde）承諾：「我們在與氣候變遷的抗爭中絕不會退縮」，「ECB今後將發揮更加積極的作用」。近幾年來，ECB為了刺激經濟買進3000億歐元的公司債券，在此過程中受到批評，認為其過度購買沒有正確應對氣候變遷的企業的債券。對此，ECB正在討論減少這些企業的公司債券持有規模，並購買更多積極面對氣候變遷的企業債券。

　　法國中央銀行總裁暨ECB政策委員弗朗索瓦・德加洛（François Villeroy de Galhau）也表示：「ECB的貨幣政策中必須包含氣候變遷因素」，「氣候變遷危機一方面助長了通貨膨脹，另一方面使經濟成長萎縮，有著央行在考慮貨幣政策時最警惕的停滯性通貨膨脹

（Stagflation，經濟停滯中的物價上漲）特性」。

讓我們重新回到勞倫斯・芬克執行長的信：

從事金融業40多年，經歷了1970年代和1980年代初期的通貨膨脹飆升、1997年亞洲金融危機、網路泡沫以及全球金融危機等多次危機和難題。雖然這些危機也持續了很多年，但從大局來看，本質上都是短期問題。但是氣候變遷是不同的。即使只有目前預測的一部分影響成為現實，也必定會引發更具結構性和長期的危機。

作為親身經歷過亞洲金融風暴的一代，竟然會出現比這更大的危機，而且是結構性危機，真是令人非常緊張。

S（社會責任）和G（公司治理）的兩人三腳

這解釋了為什麼薩克斯主張的**環境永續**十分重要。現在我們來看一下剩下的三個目標，也就是經濟繁榮、社會融合、適當的公司治理。

經濟繁榮是指與極端貧困的戰鬥。全球超過十億人口仍然處於極度貧窮狀態。生活在赤貧中的人們擔心的是下一頓飯在哪裡、自己現在喝的水是否含有威脅生命的病菌、蚊子會不會傳染致命瘧疾給自

己或孩子。兒童死亡率與1990年相比降低了一半左右，但每年仍有6500萬名兒童在五歲之前死於可預防或可治療的疾病。經濟繁榮是改變這種現實的宣言。

提到「社會融合」，就會想起約翰‧藍儂的經典歌曲〈Imagine〉中的歌詞：

想像一下所有人都生活在和平中的樣子。

（Imagine all the people living life in peace.）

現實又是如何呢？雖說改善了，但極度貧困依然存在。新冠肺炎大流行之後，貧富差距進一步深化，能往上爬的梯子正在坍塌。婦女、少數民族和少數宗教群體仍然處於不利的社會地位，不信任、敵對仇視、憤世嫉俗在社會上蔓延。改變這一點的就是**社會融合**。

為了解決環境永續、經濟繁榮和社會融合，需要政府、企業等組織內的行為原則，也就是**適當的治理**。

為了適當治理，行動原則如下。首先，政府和企業需要對自己的行為負責。他們有責任去設定目標並實行，並採取所有必要措施以評量其成效。第二，透明度。避稅天堂、保密主義等應該消失。第三，參與。不僅是股東，所有利害關係人都要參與決策。第四是污染者負擔原則。簡單來說，如果跨國企業在發展中國家建廠營運時污染了水

和空氣，就必須承擔復原費用，不能用「侵害股東利益」之類的話來
迴避。最後，貢獻也是不可或缺的。

不可逆轉的潮流

　　世界經濟論壇（World Economic forum，WEF），俗稱達沃
斯論壇（Davos Forum），其歷史可以追溯到1971年。剛從哈佛大
學甘迺迪政府學院畢業的32歲的克勞斯・史瓦布（Klaus Schwab）
從法國政治家塞文－薛伯（Jean-Jacques Servan-Schreiber）的著作
《美國的挑戰》（*Le Défi American*）獲得靈感，從歐洲各地召集了
444名商業執行者，成立學習美國的「歐洲管理論壇」（European
Management Forum）。該論壇於1987年更名為WEF，並發展至今。

　　1999年擔任聯合國祕書長的安南在達沃斯舉行的世界經濟論壇
上發表了聯合國全球盟約（United Nations Global Compact），由2
個人權原則、4個勞動原則、3個環境原則組成的宣言如下：

人權 　原則1：企業應支持並尊重國際公認的人權。

　　　　原則2：企業應確保不涉及違反人權的事件。

勞工 　原則3：企業應支持勞工集會結社之自由，並確實地承認
　　　　　　　集體談判權。

原則4：消弭所有形式之強迫性勞動。

原則5：確實廢除童工。

原則6：消弭雇用及職業上的歧視。

環境 原則7：企業應支持採用預防性措施因應環境挑戰。

原則8：主動採取行動，推動與強化企業環境責任。

原則9：鼓勵開發與推廣對環境友善的科技。

〈ESG的重要概念〉		
ESG = E（Environmental，環境永續）+ S（Social，社會責任）+ G（Governance，公司治理）		
E（Environmental）	**S（Social）**	**G（Governance）**
◆減少大氣污染（減少碳排放）	◆成員平等（男女雇用，同薪償）	◆倫理及腐敗問題管理
◆節約能源及資源消耗（新再生能源）	◆**合作公司及供應鏈永續管理**	◆對合作公司採用反腐敗政策
◆廢棄物管理	◆工安保健	◆改善企業治理結構（非常務董事報酬、主權、董事會獨立性／專業性／多樣性、會計透明性）
◆環境相關違法事項	◆尊重人權	
◆氣候變遷策略制定及應對等	◆**社會公益活動**	

在美國發生安隆公司（Enron Corp.）會計造假事件之後，2003
年又增加了一個條款：

反貪腐　原則10：企業應努力反對一切形式的腐敗，包括敲詐和
　　　　　　賄賂。

　　人權和勞動原則是薩克斯提出的「社會融合」（S）的具體行動
計畫。環境原則是為了推動「環境永續」（E）的政策。反腐敗原則
代表「適當的治理」（G）中的責任、透明度等。多麼美好的組合。
薩克斯提出理論基礎，安南則明示現實中應該做些什麼才能改變世
界。

　　2006年，安南進一步發表「責任投資原則」（Principles for
Responsible Investment，PRI），呼籲以機構投資者為中心的投資
界投資會考量ESG的企業。2003年，聯合國全球盟約中的「環境」
演變為「E」（環境永續），「人權」和「勞動」進化為「S」（社
會責任），「反腐敗」則演變成「G」（公司治理）。

　　讓我們看一下左頁的表格，這裡寫著推動ESG的重要行動原則。
但是有趣的是，除了薩克斯和安南強調的人權、勞動外，還出現了合
作公司支援、社會公益活動。這些要素背後的背景是什麼呢？

　　1970年諾貝爾經濟學獎獲獎者米爾頓・傅利曼（Milton
Friedman）宣稱：「企業的社會責任就是增加自身的利潤」（The

social responsibility of business is to in crease its profits）。企業也紛紛呼應投入其中。美國的「商務圓桌會議」（Business Round Table，BRT）是與韓國全國企業聯合會相似的團體。1972年，該團體由美國前200強企業集結成立，在華盛頓政界以為企業利益發聲而聞名。BRT成立後曾多次發表過正式公開訊息，其中著名的有1997年發表的「企業的主要目標是為所有者創造經濟報酬」（the principal objective of a business enterprise is to generate economic returns to its owner）。繼承了傅利曼重視股東的思想，強調所謂的股東資本主義（Shareholder Capitalism）。

但是隨著2008年爆發金融危機，也吹起改變的號角。2011年「占領華爾街」（Occupy Wall Street）等運動則加快改革腳步。也是這時候，開始認知到企業利潤與社會責任是夥伴關係。隨著時間流逝，到了2019年，BRT發表驚人的宣言，也就是強調「兼容的繁榮」（inclusive prosperity）為企業的目的。

摩根大通、亞馬遜、蘋果、通用、波音等181間知名公司CEO共同簽署這份聲明。聲明中提到：「企業宗旨已經改變，我們決定刪除『股東價值最大化』一詞」。也就是說，超越追求眼前的利潤、股東利益最大化等，加強對顧客、員工、合作夥伴、當地社區等所有利害關係人的社會責任。並提出與此相關的5個具體目標：

- 向顧客傳達價值。

- 投資員工。

- 給予合作夥伴公平、合乎道德的待遇。

- 支援當地社區。

- 為股東創造長期價值。

　　該宣言可以說是從「股東資本主義」走向「利害關係人資本主義」（Stakeholder Capitalism）模式的轉變。當然，像歐洲式的「共同決定制度」一樣，與其說企業的主人超越股東，成為廣泛的利害關係人，不如解釋為將利害關係人視作企業目的的「社會和環境責任」夥伴，予以尊重，並形成「信賴和合作」關係，這樣解釋比較適切。

　　從新提出的企業宗旨可以看出，作為重要的利害關係人集團，除了股東之外，還包括顧客、員工、合作夥伴、在地社區等。這是ESG在「S」中強調的方向。

貝萊德為何強調ESG？

　　前面介紹了引爆ESG風潮的關鍵，就是貝萊德執行長勞倫斯・芬克在2020年發表的年度公開信。從他以前的年度公開信和貝萊德的誕生過程、之後的行動來看，可以更容易理解貝萊德為什麼把ESG視為重要的投資指標。貝萊德是1988年在以私募基金（PEF）聞名的黑石（Blackstone，又譯作百仕通）創辦人彼得・彼得森（Peter Petersen）、蘇世民（Stephen A. Schwarzman）的支持下成立的。當初的名字是黑石財務管理公司（Blackstone Financial Management）。該公司設立兩個大型基金，管理200億美元的不動產抵押貸款資產（Mortgage Backed Securities）。但是，黑石創辦人和芬克團隊對危機的看法截然不同。對黑石創辦人來說，200億美元只是眾多投資組合中的一個，但對芬克團隊來說，這是全部。芬克團隊不得不採取將損失降到最低的風險迴避策略。因此，隨著與股份相關的衝突發生，1994年芬克團隊獨立成立了貝萊德。

　　開始獨立營運的貝萊德在2006年收購了美林投資管理公司（Merrill Lynch Investment Managers），確保了共同基金和股票相關基金的競爭力，並於2009年收購指數股票型基

金（ETF）以及在指數基金領域具有優勢的巴克萊全球基金顧問公司（Barclays Global Investors），一舉成為世上最頂尖的投資管理公司。難道是身處世界第一這個重要位置感受到了責任和義務嗎？芬克從2012年開始每年都會發表公開信（2013年除外）。讓我們透過這些內容來解讀芬克的想法吧。

在2012年的第一封年度公開信中，貝萊德談到價值集中型參與（value focused engagement）。他強調，改善投資公司的治理實踐的重要性，不亞於長期取得出色業績。另外他還表示，將透過行使股東權等積極參與，貫徹自己的主張。

2014年、2015年的公開信也維持相似的論調。金融危機以後，企業為了擺脫眼前的危機，出現了忽視未來發展（研發投資、員工投資）的傾向，但他強調不該如此，應該重視長期股票持有者，而不是短期持有者，以及更應該重視企業本身。為此應該從長遠角度而不是短期角度看待商業，公司治理比什麼都重要。換句話說，只有注重長期投資的企業，才能得到貝萊德的支持。從2016年開始，情況看起來有些不同。在強調長期意識和公司治理的同時，開始強調環境、社會因素。這似乎是受到2015年底簽署的《巴黎協定》影響。氣候變遷、多樣性和董事會實效性是主要議題。

2017年的新議題是國際形勢。2016年，英國做出退出歐盟的「脫歐」決定，也是川普當選美國總統的一年。貝萊德從年度公開信的第一行就開始強調要從長遠角度盡可能提高企業價值。因為大部分顧客將退休後的生活資金和子女教育基金等未來資金委託給貝萊德，他們是企業最重要的利害關係人。並表示將盡全力構建管理結構，履行身為受託者的職責。當然，也沒有漏掉ESG的部分。

2018年，「企業的使命感」（a sense of purpose）終於以年度公開信的標題形式登場（在此之前，公開信並沒有另下標題）。除了記錄財務成果外，還正式強調要為社會做出積極貢獻。他還說：「應該向股東、員工、顧客、社區等所有利害關係人提供幫助」。這是2019年8月商務圓桌會議（BRT）的「利害關係人資本主義」宣言的基礎。

2019年度公開信的標題是〈目的和獲利〉（purpose & profit）。他表示，為創造社會價值而做出努力，不僅是行銷活動或口號標語，更是企業的目的，這個目的也就是「企業存在的理由」。他還強調「獲利和目的應該同時並行」，這與之前的主流觀點不同。在此之前，人們普遍認為「短期利益和長期利益是衝突的。希望大家重視長期利益」，「企業的利益和社會貢獻是分開的。但還是希望大家為社會貢獻自己的力

量」。簡單來説就是「A or B」。但是2019年，貝萊德表示「A and B」是可能的。不，他表示這是不可分的。這是重大的典範轉移。

2020年的標題是〈從根本重塑金融〉（A fundamental reshaping of finance）。他強調氣候變遷風險就是投資風險，需要改善股東的訊息揭露制度，且需要透明、負責任的資本主義。

他強調2021年因疫情大流行，這種結構性變化正在進一步加速。不局限於分析危險因素，還說明了轉型為淨零排放帶來的新事業機會。另外還表示數據和訊息揭露仍然很重要，並對淨零排放做出具體的承諾（敦促其他投資企業應對淨零排放）。最後以永續性、與利害關係人的緊密關係帶動收益率提高的內容結束這封公開信。

綜上所述，作為長期投資者，芬克在初期重視優良的治理，之後逐漸聚焦在環境和社會上。並標榜獲利和企業目的（環境貢獻、社會貢獻）是一體的，明確提出企業透明的公告方法和實現淨零排放的時程。不只貝萊德，目前全球投資者大都朝著這個方向發展。ESG一詞表現的巨大典範轉移是勢在必行的。

2

現在正是乘上新浪頭之時

⟳ **巨大資本強調ESG的現實原因**

像貝萊德這樣的全球投資者強調ESG的理由，大致可以從三個角度加以說明。

從國際資產所有權角度投資

國際資產所有權（Universal Ownership）是指大型機構投資者持有的一個國家所有行業的股票所有權。這些國際資產所有者為了長期獲得高收益，不僅對個別企業，對整體的經濟成長模式也感興趣。為了幫助理解，讓我們來聽聽加拿大聖瑪麗大學教授安德魯·威廉斯（Andrew Williams）的說明：

假設國際資產所有者的投資組合中有家企業獲得巨額收益，但在過程中造成環境污染。當然，由於獲利改善，該公司的股價上漲。但是為了解決環境污染，需要多徵收稅金，因此基金投資組合中的其他企業也會承擔額外的稅金負擔。這對各企業來說都是業績惡化的因素，結果整個投資組合的收益會減少。這就是為什麼國際資產所有者不得不注重整個經濟或整個社會的健康發展。

　　像貝萊德這樣的大型投資者將鉅額資金分散投資到全球股市。分散投資的目標從極端上來看，是指擁有所有上市公司的股票。當然，不是某幾家企業的成果或特定國家的經濟變化，而是全世界經濟的蕭條與否都變得非常重要。

　　前面曾提到，近來氣候問題正逐漸成為影響世界經濟的重大因素。舉例來說，2020年7月在加州地區發生的森林大火成為美國史上最嚴重的森林火災。起火原因是異常的高溫以及持續不斷的雷擊。事實上，對於加州居民來說，森林大火就像每年的例行活動一樣。但是2020年的火災規模與以往不同。持續三個月以上的火災使整個美西地區陷入恐慌，造成巨大經濟損失。

　　野火並不是氣候變遷造成的唯一損害。乾旱、洪水、熱浪等極端氣候現象，也破壞基礎設施，損害農作物。為了彌補，國家和私營保險公司不得不支付天文數字般的費用。氣候危機已然超越了特定地區

和農業的損失，成為擾亂金融市場、全球供應鏈的問題。貝萊德在2020年4月公布的報告書《Getting Physical》推測了2060至2080年氣候危機對美國各州帶來的經濟風險，並告知危險。

2021年9月，ECB發布〈經濟總體氣候壓力測試〉報告，以歐元區230萬家企業和1600家銀行的數據分析氣候變遷的潛在影響。該報告在內容中描述了三種碳中和轉型的假設情境，測定各個情境對經濟產生的效果。

第一個情境是「有序的氣候轉型」（OT，Orderly Transition），也就是透過快速實施碳中和政策，讓地球的溫度上升與工業化前的時代相比，幅度控制在1.5°C以內。ECB分析表示，在這種情況下，歐元區企業在未來4～5年內將經歷槓桿略提高、收益降低、不履行債務的風險增加等危險，但轉型後將帶來好處。第二種情境是到2030年才能實現碳中和措施，之後推出碳中和政策，將地球溫度上升控制在2°C內的「無序的氣候轉型」（DT，Disorderly Transition）。在這種模式下，到2050年企業的收益將下降20%，不履行債務的可能性將增加2%。最後，在放任氣候變遷的「溫室世界」（hot house）情境下，收益性將下降40%，不履行債務的可能性將增加6%。另外據預測，因熱浪、森林火災等自然災害產生的費用將「極高」。

ECB預測，從整個產業來看，如果不立即採取預防氣候災難的

措施，最壞的情況是歐洲國內生產毛額（GDP）將減少10%。相反地，據分析，轉型為碳中和經濟（Zero-carbon economy）的費用不超過GDP的2%。也就是說，越快轉型為碳中和經濟，氣候變遷帶來的風險和成本就越少。ECB的報告表示：「（向碳中和經濟）轉型的過程中產生的短期費用，與中長期不受限制的氣候變遷產生的費用相比微不足道」。

扮演好受託人，對穩定收益負責

SRI即社會責任投資（Socially Responsible Investment）。迄今為止，投資強調的是企業的成長潛力和財務方面。相反地，SRI則是從社會、道德方面考慮企業是否履行社會責任（Corporate Social Responsibility，CSR），再來選擇投資對象的策略。可以說是反映了ESG價值的一種投資形式。但是這種投資策略是不是與受託人的職責，即「為了委託人的利益盡最大努力」的條款相衝突呢？

並非如此。舉個例子吧，這裡有兩個投資機會。投資100萬韓元時，第一個機會可以賺2倍的200萬韓元或損失100萬韓元，成功和失敗的機率分別為50%。按照機率計算，期望值為200萬韓元。第二個機會是保證絕對可以賺100萬韓元，機率是100%，期望值是100萬韓元。你會選哪一邊呢？即使考慮到風險，如果投資的金額是100萬韓

元左右，值得選擇第一個機會。

　　但是如果金額增加，情況就不同了。失去100兆韓元的機率有50%、期待值為200兆韓元標的，與保證賺100兆韓元、機率為100%的標的，你會選擇哪一個呢？當然是後者。同樣的機率、同樣的期待值，但金額單位不同（100萬韓元和100兆韓元）。但是為什麼人們會根據金額做出不同的選擇呢？對此，行為經濟學家分析說，投資金額少時用「獲得」（gain）的視角看待投資，投資金額大時用「失去」（loss）的角度看待投資。因此如果時間延長或金額變大，比起平均收益，人們會更喜歡穩定。也就是說，比起平均值，標準差、變異數更加重要。

　　貝萊德和韓國的國民年金等以長期收益為目標的投資公司認為，賺很多錢固然重要，但更重要的是安全地長期賺錢。比起高風險高收益，更傾向於持續實現目標收益。具代表性的退休基金ABP（荷蘭公教人員年金基金）這樣表示：「2015年新公務員的平均壽命是男性81歲，女性83歲。到了2075年還有不少人活著，一部分人到2100年也還活著。對他們來說，重要的是『2075年也能用年金生活嗎？』現在的收益率並不重要。我們應該展望遙遠的未來，為永續地球、永續社會進行投資。」

　　芬克也是同樣的想法。他表示：「我們管理的資金大部分是教師、消防員、醫生、企業家等眾多個人和年金受惠者的退休金」，

「作為連結顧客和投資企業的橋樑，我們有責任扮演好優良管家。在這裡，優良管家的作用並不是一獲千金，而是能夠長時間地持續獲利。

社群媒體的傳播與社會及環境風險的增加

即使不提貝萊德或國民年金等大型投資機構，投資可以長久發展的公司，簡單來說就是不會倒閉的公司，是投資的基本。那麼相反地，失敗可能性高的公司是什麼樣的公司呢？

過去，企業危機的主要原因是銷售的產品或服務的品質和性能、市場占有率、銷售額等績效風險（performance risk）。但是最近，社會風險（social risk）、環境風險（environmental risk）也公認是嚴重影響企業生存的危險因素，重要性不亞於績效風險。

社會風險是指企業不履行社會責任，使企業陷入危機的風險。例如勞動剝削、侵害人權、合作廠商濫用職權、腐敗、非法行為及便宜行事的經營、欺騙消費者等，都屬於這一範疇。環境風險是指因污染物質排放或其他可能對環境造成不良影響的舉措，企業聲譽受到打擊的風險。

隨著社群媒體的傳播擴散，企業的社會和環境風險「資訊對稱化」，隨著時間推移，其重要性越來越大。過去，企業比消費者和一

般人擁有更多的產品或營運活動的相關資訊。因此對於企業表示「我們的產品有如此出色的功效」或「我們做了這麼多好事」的資訊，普通大眾很難驗證其真偽。換句話說，很容易就能矇蔽消費者的眼睛。但是隨著眾多資訊和各式專家的意見透過社群媒體廣泛、迅速地傳播，現在很難說企業比消費者擁有更多資訊了。

2010年初，行銷學者菲利普·科特勒（Philip Kotler）開始強調向消費者轉移權力。如果不能滿足意識進化的消費者的需求，企業將無法繼續成長。讓失望的顧客回來比吸引新顧客更困難。企業的社會風險、環境風險日益浮現的現狀與社群媒體的傳播環環相扣，向企業提出了經營道德和真誠行銷的重要課題。我們應該要記住，之所以要做出這樣的努力，並不是為了比競爭者突出，而是為了生存。

MZ世代期盼ESG

這股ESG趨勢是隨著MZ世代的出現而崛起。1980年代初到2000年代初出生的人稱為「MZ世代」。根據韓國統計廳2019年的人口普查，1980年至2004年出生的人口約為1800萬人，占韓國總人口的35%。還有許多如越南、印尼亞等青年人口較多的國家，從全世界來看超過人口的60%，可說是MZ世代的全盛時期。他們是活躍的消費者和組織成員。在不了解這些人屬性的情況下做生意，無異於在沒有

指揮官的情況下走上戰場。

2021年3月，美國調查機構蓋洛普發表了名為《MZ世代對組織的4點期望》資料。在美國，MZ世代占正式員工的46%，因此對他們的研究具有重要意義。讓我們來具體瞭解一下美國的MZ世代想要些什麼吧。

第一，希望組織能關心員工的福利

乍看之下會像是Google那樣在辦公室設置按摩中心或提高公司餐廳餐飲品質。但是這種短視的眼光無法找到答案。MZ世代重視工作與生活的平衡。如果有年幼的子女，會希望和子女度過更多時間。他們認為育兒不是一個人的事情，而是父母一起負責的。因此在公司長時間工作並快速晉升的思考方式並不適用於MZ世代。

第二，MZ世代希望自己所屬的組織有道德倫理

過去在自己所屬的組織出現問題時，比起查明並揭露問題，包庇和擁護組織的意識更強。這就是對組織的忠誠，如果做出違背這一原則的行為，就會視為背叛者。但是MZ世代在自己公司出現問題時，會提出更強烈的批評。「公司做的事永遠是對的」是過時的說法。比

起身為公司員工，他們身為社會一員的想法更加強烈。「道德倫理」一詞是與ESG的「G」密切相關的概念。

第三，MZ世代期望建立向員工公開透明資訊的開放組織

當出現新問題，MZ世代要求客觀證據。看似是不信任組織，每件事都追根究柢，但事實並非如此。因為他們即使信任對方，也會用客觀數據加以驗證。「這是慣例，反正就照著做吧」、「前輩們不吭一聲就做到了」等話只會引起他們的反彈。透明度也是「G」的核心項目，這是眾所周知的事實。

第四，MZ世代想要能夠認同並包容多樣性的組織

對MZ世代來說，認同和包容多樣性不是「做到更佳」，而是「必須具備」。如果不具備這些條件，不僅在ESG評價中會得到較差的分數，還會導致優秀人才離開。這當然會成為組織成長的絆腳石。

蓋洛普在完成四種分析後得到的結論非常有趣：「MZ世代想要ESG」（Another words, younger generations want ESG）。這意味著不是為了得到好的評價，也不是為了從投資中獲得充分資金，而是為了正常經營組織而必須要有ESG。

除此之外，我們再來看看幾個MZ世代的特性。MZ世代希望自家公司製造的產品和服務為社會做出貢獻。對將環境污染減到最低的產品生產流程、照顧身障人士的產品設計等感到非常自豪，這也與ESG有關。考慮環境的產品、生產工藝的改善是「E」本身，照顧身障人士則體現「S」的公正性。

　　我們也來看看MZ世代作為消費者的特點吧。「Meaning Out」一詞，是「Meaning」（意義）和「Coming out」（出來）的合成詞，指的是「透過消費展現自己的信念和價值觀的活動」。還有新造詞「buycott」。這不是「杯葛、抵制」（boycott），而是要積極購買的意思，可以說是「用新台幣讓這產品下架」的英文表達方式。不是性價比而是心價比（與價格對比追求心靈滿足的消費行為），這也是MZ世代的用語。綜合來看可以解釋為把重點放在有意義的消費上。那麼，哪些是有意義的消費呢？購買實踐ESG的企業產品和服務就是有意義的消費。

　　作為組織成員和消費者，MZ世代都想要ESG。迴避這個議題的企業無法生存的時代正在到來，但是也不能盲目地投入ESG。MZ世代對表裡不一者非常嚴厲。一旦無法保證真實、「只是做樣子給你看」的應對遭到揭穿，企業將面臨更大的困境。

　　但是MZ世代只作為組織成員、消費者存在嗎？並非如此。有些地方值得我們關注，那就是是作為投資者的他們。這是之前介紹勞倫

斯·芬克的2019年年度公開信時，筆者故意先賣個關子沒有提及的部分：

隨著目前約占勞動人口35%的千禧世代對自己工作的公司、購買產品的公司以及投資的企業發言權增加，這種趨勢將進一步加速。

隨著人口增加，我們確實應該更加關注。但是掌控數兆美元資金的貝萊德為何要關注不是有錢人的年輕世代呢？答案就在下面：

我們正在見證財富從嬰兒潮世代轉移到千禧世代的過程。預計其規模將達到24兆美元，這是有史以來規模最大的一次。隨著這些財富轉移和投資偏好的變化，ESG因素在企業評估中越來越重要。

貝萊德強調ESG一來是為了克服氣候危機，減少投資變動性，二來也是為了贏得今後將成為主力投資者的千禧年世代的青睞。

2017年，美國信託（US Trust）發表的報告也與貝萊德的主張如出一轍：

千禧世代的有錢人與傳統有錢人不同，他們對社會責任投資非常關注。過去，社會責任投資在年金基金等機構投資者的主導下成長，

但最近個人投資者的比重正在迅速擴大。這說明了平時對環境問題或社會議題高度關心的千禧世代就是核心。他們為什麼偏愛社會責任投資呢？因為這是正確的事。換句話說，因為他們相信「企業應該對自己的行為負責，對社會產生正面影響，會帶來更好的業績成果」。

從資產管理服務的主要客戶，也就是富裕階級實際進行社會責任投資的比例來看，嬰兒潮世代只占10%，而千禧世代則達到28%。關注社會責任投資的嬰兒潮世代占29%，而千禧世代占52%。

3
長久受喜愛的品牌原則

○ 品牌的力量

　　一如到目前為止我們看到的，ESG和MZ世代的出現是要求企業和品牌建立永續成長的基礎。若單純將股東價值最大化，必然會有其局限。參與企業生態系統的各種利害關係人（股東、員工、消費者、合作廠商、社區及其生活環境等）的價值應該體現在經營上。也就是說，必須轉變經營模式。簡單來說，「讓大家長久地好好生活下去」的價值應該體現在企業的各項活動中。為了長久地好好生活，企業應該做什麼好呢？

　　對於這個問題，曾任麥當勞全球行銷長CMO的拉里・萊特（Larry Light）表示：「在企業間永無停歇的競爭中，為了在最終決勝時刻取得勝利，也就是為了長久地好好生存下去，關鍵在於誰善於行銷」。此前，包括業界和學者，很多人都認為行銷非常重

要。韓國也一樣。SK集團在21世紀初提出「行銷公司」的概念作為集團整體成長的核心關鍵字。也就是說,只有擅長行銷的公司才能持續成長。也許有人會提到TPM說:「企業間的競爭最初是以技術（Technology）取勝,然後是產品（Product）,最終是行銷戰（Marketing）」。那麼,想贏得行銷戰爭應該怎麼做呢?來聽聽萊特的說法:

> 重點不是誰擁有巨大的工廠,而是誰擁有市場。而擁有市場的唯一辦法,就是擁有能夠主宰市場的品牌,意即抓住消費者的心。

企業要想在競爭中不被淘汰,長久好好生存下去的祕訣在於「是否擁有支配市場的品牌」。透過眾多研究和實驗,已經證明了品牌對消費者的選擇有著巨大影響。

在這方面,穀物片品牌家樂氏（Kellogg）的實驗結果非常有趣。他們將消費者分成兩組,一組展示品牌,另一組不展示品牌,讓消費者吃下同一種玉米片,再詢問購買意願。實驗結果顯示,展示品牌的小組有47%表示願意購買,未展示品牌的小組則有59%表示願意購買。

美國第一大地板材料品牌Armstrong也進行類似的實驗。 這次不是詢問購買意願,而是詢問更接近消費者行為的指標,「選

擇」。Armstrong向消費者展示花紋相似的兩種地板材料。一個是Armstrong的，另一個是鮮為人知的地板品牌。這次也把消費者分成兩組，不知道品牌的小組選擇結果為50比50，參加實驗的人回答說：「如果地板材料沒有差異，選擇哪個品牌都無所謂」。但是，讓受試者知道品牌的小組中，有90%的人選擇Armstrong地板。強勢品牌對消費者的選擇有著強大的影響。

大韓菸草KT&G的長年苦惱之一，就是「如何從萬寶路、登喜路、維珍妮香菸等國際品牌手中守住韓國內需市場」。為什麼消費者會從抽國產菸轉向外國菸呢？進行消費者調查後，最常出現的跳槽原因總是相似，因為「味道」更好。

果真如此嗎？讓兩組消費者抽萬寶路和實驗當時與萬寶路一樣有著濃厚形象的大韓菸草旗下香菸品牌「This plus」，並詢問參加者「哪種菸的味道更好」。在告知品牌的組別中，有27%的人認為This plus更好抽。但是在遮住品牌的組別中，有58%的人認為This plus味道更好。強大的品牌不僅改變消費者的購買意向和選擇，還改變了感官體驗，讓比較好吃的東西變得不好吃，或者讓不好吃的東西變得更美味。

維吉尼亞理工學院物理學系的腦科學家瑞德‧蒙塔格（Read Montague）教授在其著作《為何選這本書？》（*Why choose this book*）對可口可樂和百事可樂的競爭提出疑問。在蒙上眼睛的情況下

讓消費者喝可口可樂和百事可樂，請他們選擇更好喝的，大部分消費者都支持百事可樂。受到這些實驗結果鼓舞的百事可樂，還在全美展開所謂的「百事可樂挑戰」（Pepsi Challenge）活動，但是市場占有率始終是可口可樂取得壓倒性勝利。為什麼更美味，卻賣得不好？

瑞德為了解開這個疑問，進行了以腦科學為基礎的品牌實驗。展示可口可樂、麥當勞等非常熟悉、強大的品牌給人們看時，與展示小眾品牌時，用功能性核磁共振造影技術（fMRI）拍攝人們的大腦會產生什麼樣的變化。結果令人震驚。當受試者看到可口可樂、麥當勞等熟悉、強大的品牌，大腦充滿快感，分泌出與快樂等相關的神經傳導物質多巴胺，與看到陌生品牌時截然不同。

僅從這四個實驗的結果，就可以看出品牌對消費者的影響力。

永續品牌管理原則：ACES模式

那麼，為了在ESG和MZ世代的新浪潮中打造「永續品牌」（Sustainable Brand），應該如何管理品牌呢？答案是應該要具備適應性（Adaptability）、一致性（Consistency）、效率性（Efficiency）、實質性（Substantiality）這四種觀點。筆者稱為「ACES模式」。

第一個管理原則是適應性。在了解適應性之前，先問一個本質

上的問題：策略的真諦是什麼？管理學者德瑞克·阿貝爾（Derek F. Abell）在1978年的研究中提出「策略之窗」（Strategic Window）的概念。策略之窗是指企業內部力量和外部環境帶來的機會的接觸點。他強調：「只有充分柔軟靈活，且努力去適應不斷變化的環境的企業，才能創造出找到這一接觸點的組織活力」。

可以說策略的重點是管理「窗口」（window）。窗戶是連接內部環境和外部環境的媒介。管理窗戶是指下雨或颳冷風時關閉窗戶，如果外面的風景很美，就把窗戶做大，如果灰塵多，就擦拭窗戶。同樣地，品牌管理中的適應性原則是指在不斷變化的外部環境和企業內部力量之間，努力建立和維持接觸點。企業要好好感知外部環境的變化，並思考如何體現在品牌管理活動中。

如今在經營企業上，「目的」（purpose）已成為非常重要的詞彙。在貝萊德的公開信標題中也出現過幾次。甚至主張目的和「利潤」（profit）是一體的。2011年，哈佛大學教授羅莎貝·肯特（Rosabeth Moss Kanter）在《哈佛商業評論》發表〈偉大企業如何差異化思考〉（*How great companies think differently*）一文中主張的也與此相同。企業不應該貶低自己為「賺錢機器」，應該要追求有目的的績效，不僅要創造利潤，還要對社會發揮作用。

在品牌管理中，與這種「目的」相同的概念還有「品牌精神」（Brand Essence），指的是品牌所追求的核心價值。品牌精神發揮

著掌舵作用，指明品牌的前進方向，既是品牌管理的起點，也代表品牌的存在價值。

目前外部環境的最重要變化就是導入ESG，這也意味著價值的改變。原本將焦點放在自己或其他股東利潤等微觀價值上的企業，正開始迅速關注起包括環境和社會在內的多種利害關係人的宏觀價值。同樣地，消費者的意識正在發生變化，政府也在改變。ESG時代的品牌管理適應性原則，是指在品牌精神，也就是目標價值中反映出ESG價值的必要性。

在韓國，第三大財閥SK集團是最先將社會價值反映在經營理念上並實踐的企業之一。SK一直嚮往的品牌核心價值是「幸福」。但是幸福的概念根據集團的不同會有不同解釋。消費者認為的幸福、合作夥伴認為的幸福、員工感受的幸福都不同。如果說過去「直到顧客說OK為止，OK SK！」的口號反映消費者立場的幸福概念，那麼現在有必要更全面地解釋和運用幸福的概念，反映出各種利害關係人的觀點。

實際上，SK最近透過內部管理系統SKMS（SK Management System）宣布：「SK為了發揮身為健康團隊的作用，並為了增進幸福，不僅要提升SK員工的幸福，同時也要增進顧客、股東、合作公司、社區等利害關係人的幸福」，將各種利害關係人納入品牌目標價值「幸福」的主體中。另外更宣布：「為了利害關係人的幸福，應

該將創造的所有價值定義為『社會價值（Social Value，SV）』並積極追求」。SK擺脫了只追求經濟價值和利潤的SBL（Single Bottom Line），將同時追求並管理「經濟價值」（Economic Value，EV）及社會價值的DBL（Double Bottom Line）定調為新的企業管理主要方針，努力實現企業的永續穩定和成長。

金融方面也可以找到類似的趨勢。KB金融集團為了ESG經營的實踐和擴散，首次在韓國國內金融公司成立ESG委員會，努力在整個企業經營中反映和實踐ESG價值。在「改變世界金融」的口號下，正如CEO所說的「企業沒有顧客就無法成長，沒有社區就無法互利共生」一樣，實踐著環境、社會、治理等全領域的ESG管理。

舉例來說，透過「KB Green Wave 2030」策略，計畫在2030年前將ESG商品、投資、貸款擴大到50兆韓元。以中長期碳中和策略「KB Net Zero S.T.A.R.」為基礎，為了在2040年實現碳中和，提出集團內部碳排放量在2030年前減少42%，資產投資組合在2030年前減少33%的發展藍圖。

第二個管理原則是一致性。 在品牌管理上，一致性分為縱向一致性（longitudinal consistency）與橫向一致性（cross-sectional consistency）。縱向一致性重視時間的流逝。1879年在美國上市的香皂品牌Ivory，在上市初期以「漂浮在水中的香皂」口號和

「99.44%純香皂」作為品牌的主要概念，備受歡迎。140年後的今日依然保持並傳遞同樣的理念。

當然，縱向一致性並不意味著「目標價值或概念即使歲月流逝也決不能改變」。正如之前在適應性原則中說明的，如果企業內部環境或外在環境發生巨大變化，目標價值也會改變。例如，如果出現擁有新哲學的經營者、業務領域的變化、品牌危機、消費者需求改變、社會文化趨勢的變化、經營模式的轉換等環境變化，品牌也會相應地改變目標價值。

然而，只有盡可能保持縱向一致性，品牌形象才能在消費者心中「累積」。經常談論不同話題的品牌無法累積形象。就像作家麥爾坎・葛拉威爾（Malcolm Gladwell）在著作《異數》（Outlier）中提到的「堅持練習一萬小時才能達到最高境界」的一萬小時法則一樣，只有長期累積形象，才能跨越消費者心中的門檻，站穩腳步，提高效率。ESG時代品牌管理的縱向一致性意味著要定義進化後的品牌精神，反映出ESG價值，且目標價值得要維持相當長的時間。

接下來，讓我們瞭解橫向一致性。「管理品牌」意味著什麼？就是構建企業最寶貴的無形資產「品牌形象」，以及活用和強化這些資產打造出企業核心策略資產的過程。簡單來說，就是管理形象。說到管理形象，大部分人都會想到廣告，但這並沒有那麼簡單。讓我們思考一下管理形象是多麼困難的事，是多麼需要全面、綜合努力的工

作。

　　上課時曾向學生提起「三星電子」這個品牌，並讓他們說說腦中最先想到的事。有學生想起各種廣告，也有學生想起「韓國的代表企業」、「不久前在報紙上讀到相關報導」、「優秀的產品品質」、「卓越的售後服務」、「CEO」、「幾天前和客服通話時員工很親切」、「提早就業的學生收到的歡迎和祝賀花束、信」等。這些都是三星電子的品牌形象。

　　其中廣告所形成的形象只占極少數。品牌形象是由人們對這個品牌的各種經驗總結而成，稱為「品牌體驗」（brand experience）。那麼品牌體驗是從哪裡來的呢？看到廣告、使用產品、接受售後服務、透過媒體、與客服人員通話、收到花束等，在消費者和品牌之間形成多種接觸點，稱為「品牌接觸點」（brand touch points）。

　　綜上所述，品牌管理就是形象管理，品牌形象是由消費者與品牌之間的多個接觸點產生的品牌體驗匯集而成。那麼，做好品牌管理需要付出哪些努力？為了讓消費者的品牌體驗有一致的感想，應該在多個接觸點上綜合、一致地管理品牌的活動。這就是橫向一致性。

　　這裡需要關注的，正如之前三星電子的例子所示，負責消費者和品牌接觸的部門並不局限於某個特定部門，而是涵蓋了企業幾乎所有部門。廣告或宣傳活動由行銷部門處理，品質由研發和生產部門處理，售後服務或顧客接待中心由客服部門處理，媒體應對由宣傳部門

負責，行銷由行銷部門負責，花束配送由人事部門處理。而且負責協調這些多個部門的人，不是行銷部門的高階主管，而是企業執行長。歸根究柢，品牌管理中的橫向一致性是指，企業的執行長要成為最高負責人，企業幾乎所有部門都要在品牌價值共識的基礎上共同參與，形成一致的意見。而從這個意義上來講，出現的概念正是「全方位品牌經營」（Holistic Branding）。

在ESG時代，將更多利害關係人作為企業經營活動的主要考慮對象，品牌管理的橫向一致性不是僅指與消費者的接觸，還包括內部成員、合作廠商、社區、環境等更廣泛的品牌接觸點，這些經驗應該得到綜合、一致的管理。

第三個管理原則是效率（efficiency）。企業管理或行銷中不可或缺的概念有ROI（投資回報率，return on investment）、ROMI（行銷回報率，return on marketing investment）。這是表示輸入（input）對比輸出（output）的效率性指標。品牌管理也是如此，要有效率地進行。讓我們分為構成效率的兩個要素，輸入和輸出來解釋。

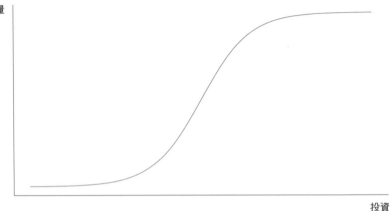

銷售量

投資

S型曲線銷售反應圖

　　首先從輸入的角度來思考，看看什麼是銷售反應函數（sales response function）。以圖表或函數形式呈現增加投資行銷活動時，銷售會作何反應。最典型的銷售反應函數是用S形曲線表現的S型函數（sigmoid function）。

　　但是這個S型曲線對有效輸入，也就是有效投資具有啟示意義。我們通常談論效率低下就會想到「浪費」這個詞。浪費意味著超出必要的支出。但是在這條S型曲線上，雙方都有低效率的區間。也就是說，過度投資和投資不足都是低效率的原因。

　　以電視廣告來說。如果廣告投資過多，消費者反覆看到同樣的廣告，就會產生廣告衰退效應（ad wearout effect），出現情緒上的負

面反應，廣告效果就會降低。話雖如此，一味減少廣告次數也不好。為了使廣告影響消費者的購買行為，消費者至少要多次接收同一廣告，讓廣告停留在腦海裡，這稱為最小曝光次數。

心理學家赫伯·克魯曼（Herbert E. Krugman）主張，同個廣告至少要出現三次以上才會有效果（稱為「三次曝光理論」）。研究顯示，只觀看一次電視廣告的消費者中，有90%以上甚至不記得自己看過的廣告。也有研究結果顯示，為了期待獲得廣告效果，最少要讓廣告曝光六次以上（金孝奎〔音譯〕，2012年，韓國廣告宣傳學術報告）。這種無法跨過消費者心靈門檻的少量投資可能是低效率的另一個原因。

實際觀察企業現場會發現，行銷活動發生的投資低效率不是因為投資過多，而是因為投資不足而造成。為了有效的品牌管理，需要適當程度的投資。在ESG時代品牌管理的效率原則中，輸入方面給的啟示是，如果品牌目標價值要反映ESG價值，那麼企業的投資和努力也應保證具適當的水準。

接下來從輸出方面來思考。輸出意味著成效。效率原則意味僅僅投資是不行的，還要評估與投資相比取得多少成效，並進行管理。迄今為止，在品牌管理中，績效指標主要是從銷售或利潤角度進行衡量和管理。實行ESG的企業經營應考慮更多樣化和更全面的利害關係人價值。因此在ESG時代的品牌管理效率性原則中，輸出方面要的不僅

是銷售、利潤，還要反映在績效指標上，評量並管理多種利害關係人的價值提升多少。

例如SK集團的各所屬公司為了實踐之前介紹的DBL，將「商業模式的價值」（Value of Business Model）定義為兩種價值總和，並努力反映在績效評量和管理上。其中一個是經濟價值（Economic Value），定義為「作為企業經濟活動的最終結果，根據一般認可的企業會計標準公告的財務成果」，另一種是社會價值（Social Value），定義為「透過企業經濟活動創造社會利益，減少社會耗損費用，進而創造的社會成果」。透過追求社會價值獲得的成果具體分為三種進行管理，分別是：商業社會成果（透過企業的生產過程和其產品、服務創造的社會成果）、社會貢獻社會成果（透過企業執行的社會貢獻活動創造的社會成果）、國民經濟貢獻社會成果（在工資、稅收、分紅、利息等企業的經濟活動中，向成員或利害關係人轉移經濟資源的過程中所創造出的社會成果）。

第四個管理原則是實質性（substantiality）。人們常認為品牌管理只要取好名字、努力做廣告就好，這是員工的典型誤會和錯覺。當然，取個好名字並努力做廣告對品牌管理是非常重要的活動，但這並不是品牌管理的全部，因為沒有實質。這裡的實質是指對「向消費者提供充分的實質性，告訴他們為什麼要購買我們的產品」的回答。

換句話說，品牌精神，也就是品牌追求的核心價值不能只停留在口頭上，應該要透過「品牌承諾」（Brand Promise）這一更具體的顧客承諾，在多種品牌接觸點上，體現為消費者能夠實際體驗的實質。藉由經驗形成的品牌形象才是最強大的。

ESG時代品牌管理的實質性原則意味著體現ESG目標價值的品牌精神不能只是嘴上說說，得在多個品牌的接觸點上以實質形式體現。並且該實質的體驗對象不僅是消費者，還包括員工、合作廠商、社區、環境等以ESG為前提的各種利害關係人。

讓我們來看個實際案例。每日乳業（Maeil Dairies）的奶粉品牌Absolute將「只想給孩子好東西的母親的心」和「完整提供含有母乳營養的可信產品」定義為品牌承諾，並努力讓消費者體驗到這一點。最具代表性的例子就是每日乳業的特殊奶粉業務。每日乳業為了患有先天性代謝異常的兒童不斷開發和生產特殊奶粉，從1999年開始至今，是韓國唯一供應8種共12項產品的企業。以下介紹背後的故事。

醫生發現孩子患有先天性代謝異常疾病，要求每日乳業製作粉末狀的胺基酸。得知這一消息後，每日乳業的創辦人，已故會長金福勇（音譯）指示為病童製作特殊奶粉，並囑咐：「就算這項業務有成本問題，也不要中斷。」在這背景下開發出的產品，以同一疾病飲用的進口奶粉四分之一的價格提供給韓國政府，讓政府能100%免費提供給未成年病童。

為了生產特殊奶粉，不同產品需要限制使用的胺基酸也各不同，所以在生產前，須先停止其他奶粉的生產工程，清洗機器內部28小時，再為少數病童生產小量奶粉，包裝操作也不符合最低訂貨量的要求，需要另外投入人力。對企業來說，這是賠錢生意。

　　即使在每日乳業生產的產品中，特殊奶粉呈現其中最高的兩位數赤字率，每日乳業仍持續開發和生產。因為即使對企業的利潤最大化沒有幫助，也要實踐「一個孩子都不遺漏，健康成長」的品牌哲學。ESG中「Ｓ」的價值反映在品牌目標價值上，也展現在各種利害關係人的實質上。

　　「名人名村」是2009年成立的品牌，就像品牌口號「有故事的隱藏寶物」，發掘韓國各地的優秀特產，以及職人用這些特產做出的傳統食品，並發揮平台角色，將這些食品的價值完整地傳達給消費者，一面保存傳統食品原貌，一面加以進化，打造出高級的傳統食品品牌。

　　名人名村為了在各地區最優秀的職人（名人）、產地（名村）、消費者之間創造正向加乘效果的雙贏平台而持續努力。為了發掘地區特產和職人，走遍韓國各地。與大多數食品品牌將重點放在產品最終的價值，並向消費者訴求該價值相比，名人名村不僅將最終產品作為主角，還將隱藏在其產品背後的產地和製作職人全部當成主角，讓他們與消費者相遇。不是以適當的價格購買、保留適當的利潤後銷售的

「商品」，而是挖掘傳統飲食文化的原型，讓最優秀的職人作品能貼近消費者，讓遭忽視和低估的地區傳統飲食文化價值能維持和提升，這是名人名村追求的社會價值。

名人名村能夠成為高級食品品牌的最大力量，來自80多個產地生產者對名人名村追求的社會價值的共鳴和自豪。在ESG提及的各種利害關係人中，不斷追求與合作夥伴，也就是產地和生產者間的雙贏，並追求地區傳統飲食文化的保存和發展等社會價值，以實質方式呈現出來。

尋找前車之鑑案例

本質上來講，企業必然存在許多潛在危機。如果要一一細數破產、裁員、併購、勞資糾紛、工廠火災或爆炸、航班失事、消費者抵制、油輪漏油、地震、訴訟、恐怖攻擊、歹徒暴行等意外事故，不勝枚舉。

從理論到實戰手冊，有各式各樣的危機管理方法。來找出幾個共同點吧。最基本的是平時樹立良好形象。在品牌策略中不可或缺的就是企業形象。從產品形象到企業形象，都要做到有吸引力。也就是要求好好運用品牌策略。

事前準備也很重要，不能亡羊補牢。制定危機管理手冊、定期進

行模擬訓練的企業，即使面臨危機也能輕易克服。練習要像實戰一樣，實戰要像練習一樣。同時還要組建危機管理小組。

「與媒體合作」也是需要銘記的金科玉律。即使不能把媒體變成自己人，至少也不要把媒體變成敵人。近來媒體變得多樣化，再加上社群媒體的發展，現有媒體的地位大不如前。隨著「三重媒體時代」到來，比起自媒體（owned media，公司網站等）、付費媒體（paid media，各種廣告等），贏來的媒體（earned media，各種社群媒體等）決定公司聲譽的時代已經到來。

另要強調，要迅速應對，不操之過急，不驚慌。也不能猶豫不決或驚慌失措。

隨著強調真實性和公正性，品牌危機也越來越大。小小失誤和便宜行事也會決定企業的命運。對企業治理結構的關注也越來越高。女性、外國人等董事會成員的多樣性也很重要。跟這一樣重要，不，比這更重要的是「治理結構是否正常運作」，如果治理結構出現問題，公司就可能會在幾年內倒閉。

到目前為止，我們從宏觀的角度分析了在ESG崛起和MZ世代登場的新浪潮中如何制定品牌策略。那麼，應該如何具體落實呢？就像在考試複習上最好是去解考古題，登山時跟著前人的足跡走危險較小，在商業領域也是一樣，尋找領先企業的案例是最好的學習。

從Part 2開始，我們要觀察備受矚目的永續品牌及該企業的管理

階層，看看他們如何改變品牌哲學、商業模式、生產流程、營運方法、行銷重點。將他們的方法消化成我們自己的東西，並思考應該做什麼、怎麼做。讓我們一起把各位的企業打造成永續發展的品牌吧。

21世紀已經過去了20多年。現在在品牌、行銷策略上，環保已經成為基本。必須具備公正性、透明性，還要懂得所謂的「潮」行銷。不僅要受到顧客稱讚，還要打造鐵粉。有些案例適用於自己的組織，有些則否。不需要也不能照單全收這些企業（或個人）所採用的方法。只要選擇自己所需並加以熟習即可。

Part 2

適應性：
當浪來襲時就衝浪

目的對呈現品牌來說是非常重要的因素。在追求有目的的成果、創造利潤的同時，也強調在社會上發揮何種作用的品牌才會備受喜愛。在Part 1，「品牌精神」在品牌管理中相當於這種「目的」的概念。品牌精神意味著品牌所追求的核心價值，發揮提示品牌前進方向的掌舵作用。可以說是品牌管理的出發點，也是品牌存在的價值所在。

　　代代淨（Seventh Generation）的公司名稱即展現「這是考慮影響環境和社會達七代以上的品牌」。等於是透過品牌名稱，表示重視股東、重視利害關係人、重視利益、重視永續經營等重大經營模式的變化。以H&M為例，企業第二代雖然追求利潤，但從第三代開始以永續經營為目標。讓我們來關注他們採取了什麼行動來順應時代潮流改變品牌精神吧。

　　也有創始人自己轉變成為社會貢獻型CEO的情況。**維珍集團**的理查·布蘭森（Richard Branson）就是其中的代表。他憑藉名氣躋

身名人慈善家（Celanthropist，名人＋慈善家）的行列。**聯合利華**公司的保羅・波曼（Paul Polman）比起CEO的身分，更常稱為社會運動家。全球知名評鑑機構都為聯合利華打高分是有理由的。丹麥最大能源公司Dong Energy[1]為了新品牌精神，將公司名稱改為**沃旭**。不僅改了名字，還成功轉型為適合的商業模式。

曾是平凡製造商的**加藤製作所**將焦點放在世代平等。他們重視只有高齡者才擁有、年輕人沒有的經驗資產。當同時存在強者和弱者時，與其無條件地照顧弱者，不如採取利用弱者能力來平衡強者優勢的傑出策略。

早早開始關注環保市場的**做法**不是「雖然很貴，但請你購買」，而是「這個產品是高級品牌產品，但還很環保」的定位取得成功。在制定品牌框架時，要把環保和高級哪一個放在優先位置，品牌策略會完全不同。

---

1 譯註：即沃旭能源（丹麥語：Ørsted A/S），原名丹能（丹麥語：DONG Energy A/S），沃旭能源總部位於丹麥，前身為丹麥石油與天然氣公司（DONG Energy），自2017年11月6日改名為「沃旭」（Ørsted）。

品牌名稱就是目的：

代代淨

我們考慮的是200年

#為七代人而生的品牌　#永續性　#友善環境

代代淨的所有產品從原料到包材，都徹底環保。

英文sustain意為「持續」，名詞型sustainability，翻譯為「永續／永續性」，不知何時開始在我們周遭廣泛使用，說明了世界發生很大變化。這個字包含著「不要提前使用下一代資源」的警告。在這裡，下一代意味著什麼？我的孩子？我們的孫子？沒有統一的定義。

以天然清潔劑聞名的代代淨為這個問題找到了自己的解決方法。代代淨參考美國印第安部落易洛魁族（Iroquois）的偉大法則，在品牌名稱中融入「做決定時應該要考慮對第七代產生的影響」意涵。如果將一代定為25年，七代就是將近200年的時間。那麼，距今200年前是什麼樣子呢？1820年是歐洲和美國甩開亞洲，在經濟上開始躍進的「大分流」（the great divergence）起點，特別是英國因工業革命而迅速發展。100年後，第一次世界大戰爆發。這樣看來，代代淨的七代發言似乎有些不切實際。但從好的角度來說，這正是最佳行銷宣傳用語。

但是該企業不只是品牌名特別。創始人之一傑佛瑞·霍蘭德（Jeffrey Hollender）與其說是企業家，不如說是社會運動家。他受到思想家伊萬·伊里奇（Ivan Illich）的著作《去學校化社會》（*Deschooling Society*）影響，1977年在多倫多成立非營利組織Skills Exchange。他擔任創始人暨CEO的兩年間，經營平日晚上和週末讓大人學習的課程項目。這裡以「每週1次，每次2小時，共4次，學費25至50美元」提供從寫程式到購屋法、沖洗照片等實際生活所需的

技術。

霍蘭德後來又經營了幾門生意，並於1989年加入艾倫・紐曼（Alan Newman）收購的Renew Ameriaca，該公司是紐曼於一年前收購的，此後將變身為代代淨。1992年，兩位經營者對事業方向、願景出現分歧，紐曼離開公司，由霍蘭德單獨領導。

社會運動家經營的公司銷售哪些產品呢？1990年，代代淨在北美首次推出使用再生紙的無毒日用品系列。當時使用再生原料還是品質低落的同義詞。其他企業即使使用再生原料，也會試圖隱瞞這一事實。但是霍蘭德的想法卻不同，他敢於告訴顧客這是回收利用的產品。結果呢？在短短一年多時間，訂單就增加了七倍。

2001年以清潔劑會加速水質污染為由，推出不含磷酸鹽的洗碗機清潔劑。歐盟直到2011年才禁止使用磷酸鹽，但代代淨提前了十年實行這項措施。30多年來，一直維持著這種經營基調，代代淨在美國消費者眼中成為環保的代名詞。

持續樹立環保品牌形象的代代淨在2016年以7億美元（約210億新台幣）的價格被聯合利華併購。講到企業被併購很容易就想到「是不是完蛋了」，但以合理價格併購企業在美國其實意味成功。30年來一直保持正直的代代淨的努力得到認可。

年銷售額超過600億美元的聯合利華為何要收購銷售額不過2億美元的環保品牌？在聯合利華的各種商業模式中，會收購10億美元規

模的事業，發展成50億至100億美元的規模。這種做生意方式其來有自，讓我們來瞭解一下這種方式。

人們常說消費者變了，世界變了。隨著消費者的喜好發生變化，喜歡的產品也會改變。問題是，如果沒有實際接觸過，就無法知道自己喜歡哪一個。聯合利華也許可以直接經營小規模事業，但這並不容易。為什麼呢？如果把價值100億美元的營業部門員工派往不知道何時會有銷售額的新業務團隊，只會令他們感到空虛。即使滿懷熱忱開始業務，但因規模小在公司內部未受到關注，結果不了了之的情況比比皆是。

因此除了像3M這樣以研發為主由下而上（bottom-up）經營的部分公司外，很難直接從零建立小規模事業。因此像聯合利華這樣的國際企業都會在市場上收購公司。代代淨的環保概念含有聯合利華所沒有的社會價值（social values）。對聯合利華來說，透過收購該公司，可以期待利潤以外的品牌效應。

代代淨不僅在產品上，在企業的所有生產階段都展現出環保要求。不僅獲得以社會、環境成果和會計責任、透明嚴格性為標準的「B Corporation」認證，還獲頒授與環保建築的環保認證（LEED，Leadership in Energy and Environmental Design，能源與環境設計領導認證）。環保認證會依據是否符合水、能源和大氣、材料和資源、室內環境品質、創新設計、永續基地六大類而頒給。簡單來說，

這意味辦公室正在保護資源和用戶的健康。

代代淨還獲得「零殘忍」（Cruelty Free）認證，所有產品決不進行動物實驗，也不會使用任何動物成分。在產品包裝上看到的「跳躍的兔子標誌」就象徵這一點。此外還獲得美國農業部的生物基礎認證（Biobased），這代表該產品是使用再生能源製成。

社會貢獻也是不可或缺的。代代淨的員工都要在自己的工作時間花費1%或20小時義務從事社區服務活動。他們與公家及非營利組織的夥伴關係也很穩固。代代淨是總部所在地佛蒙特州的「佛蒙特州社會責任委員會」成員，這是以經濟、社會、環境領域為中心，持續追求並發展企業倫理的非營利組織。另外還加入「美國永續經營委員會」，與超過16萬家企業、30萬名企業家一起追求永續發展、社會責任等。並加入「氣候和能源創新政策業務」，努力推動通過能源和氣候變遷相關法律。

整理一下。打造偉大的品牌，並做出相應的行動。無論是產品還是CEO的一舉一動，都會累積與品牌概念相符的「一致性」。社會貢獻是基本，並與相關的非營利組織合作，也得到所有必要認證。經過持續不斷的努力，獲得消費者的喜愛和忠誠，並由此成長為邁向10億美元的企業，最終收到同業巨人的收購提議。所有這些故事都可以用「代代淨（七世代）」這個名字來涵蓋。如果品牌名能說明公司存在的意義，那就再好不過。

重新定義業務：
聯合利華

Unilever

向勒緊腰帶的方法說NO

#ESG的代名詞　#保羅・波曼

聯合利華旗下的各種品牌。
聯合利華是跨國家庭消費日用品集團，擁有從食用到塗抹等眾多產品的品牌，
經營哲學是「拯救地球就會賺錢」。

1929年，聯合利華（Unilever）是英國肥皂公司利華兄弟（Lever Brothers）和荷蘭人造奶油公司Margarine Unie合併後的跨國集團，合併後歷經90多年歲月，是頗具代表性的長壽企業。

聯合利華的情況並不總是那麼好。傳統上由於採取專注於個別品牌的策略，因此很難掌握整體上哪個品牌賺錢。所以從1998年開始進入品牌重組階段，透過回報率分析，除了占總收益90%的高利潤品牌外，其餘決定全部出售。這時知名化妝品品牌伊麗莎白雅頓（Elizabeth Arden）遭出售。品牌整頓一直持續到2004年。

但僅憑這些是不夠的。為了大刀闊斧的改革，還從外部找來救援投手。2007年，聯合利華聘請機器人、能源、自動化領域的領先企業ABB集團的邁克·泰雷肖（Michael Treschow）擔任董事長。2009年則聘雇在寶僑（P&G）和雀巢（Nestle）工作30年的保羅·波曼擔任CEO。隨著波曼就任CEO，聯合利華的經營積極轉向重視環境及社會價值。

波曼為了不拘泥於短期業績，從長遠角度推動業務，做出中斷季度業績預測的決定。股東和潛在投資者都對史無前例的舉動感到震驚。但他毫不猶豫地推動，並發表「如果不相信聯合利華追求的長期價值創造模式，就請投資其他地方」的挑釁言論。

2010年，波曼就任第二年，發表「永續生活計畫」（Sustainable Living Plan，SLP），提出永續成長的具體願景。讓

我們來看一下具體內容。這項計畫要求作為負責任的企業公民，從原料採購到產品生產、消費的各個環節都要傾注努力，如產品中減少反式脂肪的使用，提高永續生產農產品的採購比重、減少包裝材料的使用量等。並公布在2020年前要把對地球環境的負面影響減少一半。這如實地傳達波曼的信念，他堅信拯救地球就能賺錢。

正如他所提到的，當前的問題，如貧困、氣候變遷、糧食問題、森林破壞等並不是一朝一夕就能解決。我們需要像十年計畫那樣更長期、更結構化的解決方案。加上這些問題隨著世界資本主義的進展而更加嚴重，因此需要修改現有的資本主義模式本身。波曼斷言：「如果聯合利華等企業不出面解決這種社會問題，消費者決不會支持聯合利華繼續開展業務。」

但是宣言只停留在宣言的例子不計其數。聯合利華的計畫是否真的有實踐？下面介紹一個實例。聯合利華是家典型的消費品公司。諸如聯合利華的子公司Ben&Jerry's冰淇淋，到代表商品凡士林等，從吃進嘴進入體內的產品，到透過皮膚進入體內的產品，聯合利華生產的產品都與生活密切相關。這些產品的標籤上必須標明名稱、保存期限、組成成分等，但由於字小，不僅看不清楚，就算讀了也很難確切知道詳細內容。

為了改善這一點，聯合利華在2000多項產品標籤上貼上條碼，用智慧標籤應用程式掃描條碼，就會出現更多資訊。這樣，放心的

消費者會購買更多「智慧標籤」產品。透過這種方法尋找既有利於社會，又能更賺錢的方法。

企業的永續性是聯合利華的核心價值。從產品開發到人事管理和宣傳，一切都是以核心價值為基礎決定的。波曼對無條件勒緊褲帶的經營方式持否定態度。對於以削減人事成本的方式來改善業績，波曼劃清界限說「這不是我們（聯合利華）的方式」。「從長遠角度讓業務體系做好準備，不僅有助於聯合利華的未來成長，還會增進股東價值。」他說服道。憑藉這股熱忱，他獲得對股價波動等短期成果敏感的投資者信任，在投資者的影響力支持下，得以追求自由的經營策略。

2018年，坎城國際創意節主辦方提名波曼獲頒「獅心獎」（LionHeart）。該獎項創立於2014年，表彰透過商業品牌的力量從事公益事業的個人。坎城國際廣告節創始於1954年，其權威正如其悠久歷史一樣獲得世人認可。2011年更名為國際創意節，但廣告的比重仍然很大。2014年頒布該獎項意味著「對社會的貢獻」變得非常重要。

讓我們來看看歷屆得獎者有哪些人。包括2014年以Product RED聞名的U2樂團主唱波諾、2015年的環境主義者前美國副總統高爾、2016年TOMS鞋的布雷克‧麥考斯基（Blake Mycoskie）、2017年設立喜劇救濟基金會（Comic Relief）的電影導演李察‧寇蒂斯

（Richard Curtis）、2018年的保羅‧波曼。過去得獎者多是歌手、前副總統、新創企業家、電影導演等，大企業CEO是首次獲獎，十分引人注目。由此可見波曼的經營方式與現有的跨國公司有多不同。

2018年底，波曼的任期結束。聯合利華在英國倫敦和荷蘭鹿特丹分別設有總部，他為了提高效率，宣布將總部統一設在荷蘭的計畫。該計畫因英國股東的反對而告吹，導致主導計畫的波曼辭職。試圖將英國脫歐帶來的不安視為機會的荷蘭方，和試圖阻止這一事件發生的英國方發生衝突。波曼的國籍是荷蘭，也對辭職產生影響。

得益於波曼的洞察力，聯合利華成為最適應ESG時代的品牌。眾多評鑑機構都給予聯合利華很高評價。評鑑結果好到如果聯合利華得不到高分，眾人甚至會認為這不是聯合利華的錯，而是評鑑方式有錯。

不論如何，波曼還是離開了。現在的聯合利華將會如何發展？永續經營會持續下去嗎？如果會取代，會用什麼概念取代呢？持續關注聯合利華的作為，就能得到未來如何設定企業前進方向的提示。

自己製造新聞：

維珍集團

瘋狂企業家是如何獲得死忠顧客的

#名人慈善家 #理查・布蘭森

1998年，維珍可樂在紐約的上市活動，「瘋狂企業家」理查・布蘭森從此名揚天下。
當天，布蘭森表演了用坦克壓碎可口可樂。

你聽過Celanthropist（名人慈善家）這說法嗎？這個字由名人（celebrity）和慈善家、博愛主義者（philanthropist）組合而成。是指利用個人財富和知名度，為解決社會問題而努力的知名人士。《時代》雜誌便將影星安潔莉娜・裘莉、U2主唱波諾、布蘭森等視為名人慈善家。

裘莉因擔任聯合國難民署（UNHCR）的宣傳大使而聞名。2007年，她因在難民方面做出貢獻而獲得國際救援委員會頒發的獎項，並從2012年開始擔任聯合國難民署的全球親善大使。波諾則是參與Product RED活動，2006年宣傳愛滋病的危險並展開募款活動，是吸引蘋果等多家跨國企業參與的成功案例。這些大名鼎鼎的電影演員和音樂家正透過社會活動改變世界，因此稱他們為名人慈善家應該沒有異議。但是維珍集團（Virgin Group）總裁布蘭森又是因為什麼理由加入這一行列？

布蘭森以「瘋狂管理作風」而聞名，最有趣的故事是「用坦克車壓碎可樂罐」事件。他在1998年推出維珍可樂時，瞄準了可口可樂的故鄉美國。在紐約時代廣場上演一齣英國坦克炮擊可口可樂招牌的表演。當然，實際上並沒有真的發射炮彈，據說是在前一晚悄悄設置讓招牌冒煙的裝置。開火的坦克一邊前進一邊碾壓可樂罐，坦克上貼滿維珍的標誌，布蘭森張開雙手站在坦克上。雖然只是表演，但讓不知情的路人大吃一驚。有人甚至大叫著逃跑。幾年後，他承認可樂

事業失敗，退出市場，但藉由此次活動，他成功讓美國記住維珍這品牌。布蘭森是善於製造新聞的企業家。

他作為企業家的非凡資質從事業初期就展露無遺。他的第一份工作始於16歲，出版《學生》（*Student*）雜誌。他從高中輟學開始做雜誌，但銷售並不理想，很快面臨破產。該如何拯救雜誌？布蘭森觀察購買客群時發現有趣的現象。他們不會為了買雜誌掏腰包，但會為了買唱片花不少錢。但在他創辦雜誌的1960年代後期，英國沒有一家唱片行會打折銷售。布蘭森對此產生了「如果能夠透過雜誌，以低廉價格購買唱片會如何？」的想法。他立即開始實行，在雜誌上刊登可以用折扣價購買唱片的郵購廣告。當然，他已經先大量購買廣告中刊登的唱片囤貨，這樣才能便宜販售。不出所料，訂單蜂擁而至。這活動成功之後，進一步延伸到維珍唱片，然後成為維珍集團誕生的基礎。

維珍集團的事業拓展過程也非常有趣。從1970至80年代的唱片業、80年代的觀光及航空業、80年代後期到2000年代的通訊業和全球化、航空業與媒體業，以及近十幾年的飯店及健康照護業，涉足的行業多到連「八爪章魚式擴張」一詞都黯然失色。但令人驚訝的是，許多項目都取得成功。當然，成功的瘋狂企業家有很多，而他躋身名人慈善家之列則另有原因。讓我們來看看他1980年代末的回憶吧：

我相信我在很多方面都展現能力，卻在40歲前陷入極度低潮。就像失去人生目標一樣。然後突然想到，我不僅要做對自己有幫助的事，也要做對別人有幫助的事。

生意興隆並不代表幸福，成功不是人生的目標。在意識到這一點的瞬間，新的理查·布蘭森誕生了。

1990年，伊拉克入侵科威特，數十萬名科威特難民逃到鄰國約旦。布蘭森詢問朋友約旦國王需要什麼幫助，第二天就帶著毯子、食品和醫療用品去了約旦。在斯里蘭卡和印尼發生海嘯時也展開救援行動。根據這樣的經驗，他在2004年成立維珍聯合（Virgin unite）基金會，著手慈善事業和解決人類及地球問題的業務。

2006年，維珍航空和維珍鐵路承諾未來十年賺取的淨利將全部用於解決地球暖化問題。2007年與意氣相投的南非領袖曼德拉成立「元老會」（The Elders）組織。這是由世界上備受尊敬的年長政治家與和平及人權倡議者組成顧問團的政治組織。

這個組織的目的在於解決國家無法解決的難題，促進世界和平、安全和福祉。另外他還前往俄羅斯、北韓等世人難以輕易造訪的地方。對氣候變遷和普世福祉等問題也越來越積極發聲。由於他在解決環境議題上的積極貢獻，2008年被聯合國選為「全球公民」（Global Citizen）。

就如他的綽號「瘋狂企業家」，布蘭森在社會事業方面也嘗試別人意想不到的事。2009年，他在澳洲墨爾本監獄與囚犯共度一夜。他表示：「在澳洲監獄見到的囚犯說，出獄後身無分文，得不到任何幫助，最終只能再次犯罪。」又說：「人人都有資格再次獲得機會。」

為此，布蘭森與貨運公司Toll的負責人進行令人印象深刻的會面。該公司以10%的員工有前科而聞名，而他們經營得十分順利。身為前科者，再次犯錯就會永遠與社會隔絕，因此只能咬緊牙關努力工作。著眼於此，他與非營利組織Working chance合作，召募173名女性罪犯進入維珍集團，並觀察兩年，再犯率不到5%。與一般來說有三分之二的前科者在兩年內再次犯罪的統計相比，這個數據已大幅改善。他介紹了這樣的成果，並在報紙刊登文章，呼籲其他企業也參與。

2013年，他與世界上最早引進環境會計的Puma CEO約翰・蔡茨（Jochen Zeitz）一起成立The B Team。每個人都有A計畫，也就是當前的計畫，但如果這個計畫不能正常運作呢？這時就會需要B計畫。明智的人當然有B計畫。B計畫從長遠角度出發，制定並提供包括企業利益、社會、環境利益、永續在內的策略。前聯合利華CEO波曼等人也參與其中。

布蘭森的人生觀很明確：

我從未因為想致富而工作，也未曾受責任感所束縛。小時候賣聖誕樹、製作雜誌、搭乘熱氣球環遊世界等都是我想做的，因此我樂在其中。我喜歡享受樂趣，所以成功和金錢自然而然地隨之而來。我全副精力投入工作和生活，享受人生的每一刻。這麼做，人生就會完全屬於我。

　　下一個案例，我們會看到H&M的第二代和第三代有著不同志向。第二代關注經濟利益，第三代重視永續經營，並將其解釋為時代精神。相反地，布蘭森卻是自行轉變的，他希望的生活正是時代所要求的方式，因此他變得更加有名，更受大眾喜愛，他領導的維珍品牌也增加許多死忠顧客。

反映時代聲音：

H&M

將缺點轉化成優勢

#新衣給你舊衣給我　#循環經濟

H&M以循環經濟模式正面突破了對快時尚業「生產只穿一季的衣服」的批評。

H&M是家族經營的代表案例，卻在2020年突然宣布將CEO的位子移交給女性專業經理人。順應時代變化的H&M（Hennes & Mauritz AB），甚至連公司治理結構都改變，是什麼樣的公司呢？與ZARA、優衣庫（Uniqlo）都是快時尚的代表企業，截至2019年，銷售額達249億美元，是擁有18萬名員工的跨國企業，全球展店數達5000家。H&M一直是由創始人、創始人的兒子和孫子經營的「家族企業」。雖然2020年不是第一次讓專業經理人擔任CEO，但是由公司內部培養的女性員工晉升為CEO還是引起世人關注。

　　H&M分店首次在韓國亮相是在2010年，但該公司的起始可以追溯到1940年代。第二次世界大戰剛剛結束的1946年，埃林・佩爾森（Erling Persson）訪問紐約。他目睹大型百貨公司堆積如山的衣服正在銷售，從中得到靈感，開創了瑞典第一家女裝專賣店。1947年，他在瑞典中部的韋斯特羅斯（Västerås）小鎮推出品牌服飾店Hennes，Hennes的瑞典語意為「她」。Hennes價格比競爭對手便宜，但主打商品是具都會感的服飾。在當時急速成長的瑞典經濟形勢和平等主義的推波助瀾下，這個策略取得巨大成功。後來在1968年收購狩獵用品公司Mauritz Widforss，擴大業務範圍。1974年在斯德哥爾摩股市上市，也是在這個時候，公司名稱改為H&M。

　　1982年，創辦人的兒子史蒂芬・佩爾森（Stefan Persson）繼承事業。他選擇國際化策略，採用辛蒂・克勞馥、娜歐蜜・坎貝兒等超

模，以積極行銷手法宣傳，為全球品牌的發展奠定基礎。

　　孫子卡爾－約翰・佩爾森（Karl-Johan Persson）從2009年開始領導公司。第三代的卡爾－約翰跳脫以收益為主的重心，強調「打造即使沒錢，誰都能穿的衣服，同時也是『倫理的』、永續的品牌」經營哲學。倫理是指為了不讓發展中國家的製造工廠發生童工、工資剝削等問題而進行管理。永續則是指節約資源、保護環境。

　　H&M為什麼把道德和永續作為重要課題呢？因為快時尚產業始終籠罩著這股陰影。檢視H&M等快時尚，同時存在「價格便宜」的肯定評價和「助長只穿一季就扔掉風氣」的負面認知。H&M為了擺脫負面形象，提出重新利用穿過服裝的想法，從2013年起實施「舊衣回收計畫」。

　　以韓國店面為例。消費者把要丟掉的衣服裝進購物袋帶來，就提供每購買4萬韓元以上即可使用的5000韓元優惠券，即便帶來的不是H&M商品也可以。2019年底，H&M就收集了5萬噸舊衣。

　　事實上，回收舊衣並提供折價券是大部分快時尚業都在推行的活動。H&M的不同之處在於如何利用回收的衣服。根據衣服的狀態，H&M將其分別用於再穿著（Rewear）、再使用（Reuse）、再製造（Recycle）、能源生產用途上，稱為服裝的封閉循環（Close the Loop）結構。

　　讓我們具體來看看。如果一個家庭有好多孩子，可以將衣服傳承

下去繼續穿，但只有一個孩子的家庭沒辦法這麼做。送給親戚，也要看對方收不收。H&M回收了可以再次穿著的產品，流通於全世界的二手市場，這就是再穿著。相信各位應該有衣褲破洞，淘汰後當抹布用的經驗。像這種無法再次穿戴的布料，可以改造成清潔工具等其他產品，這就是再使用。如果是連這樣都做不到的極破舊衣服，就作為布料纖維再製造，一部分會用來製造汽車絕緣材料。而連這都不可行時，最終會用來生產能源。

這種活動稱為循環經濟（circular economy）。與一次性使用的資源在最後廢棄階段丟棄的線性經濟（linear economy）不同，透過修理、重新修補、再利用現有商品，讓廢棄的資源最小化，進而形成可以持續使用的結構。H&M與競爭對手不同，他們努力打造時尚業的封閉循環結構。

回收舊衣的確很有意義，但是佩爾森想找到更好的主意。於是推出全球變革大獎（global change award）。H&M從2015年秋天開始這個獎項，徵選對時尚封閉循環結構做出貢獻的創意作品並頒獎。每年都有個人或團隊提出數萬個想法，透過專家的審查，最終從這些創意選出5個頒獎。從2016年起，消費者可以在網路上對入選作品投票，選出其中最新穎的作品，每年有2萬多人參加。評選第一名的創意作品會得到30萬歐元獎金。

即使沒有得獎，這些提出的創意就有很多優秀點子。代表性

的有「利用微生物回收廢棄聚酯纖維」、「透過廢棄升級再造（upcycling）交易生產廢物的線上市集」、「利用柑橘類果汁生產過程的副產品生產新的纖維」、「利用藻類生產可再生織物的水生植物栽培」等，這些為環境保護和存續做出貢獻，同時還能嗅出商機的創意，由全球顧問公司埃森哲（Accenture）提供一年的創業養成機會。只要想法夠好，就會幫助其實現商業化。

在眾多顧問公司中，H&M為何選擇交給埃森哲來負責呢？看過埃森哲於2015年出版的書《廢物變黃金》（Waste to Wealth），你就會點頭認同了。這本書介紹了讓循環經濟的優點最大化的五種商業模式，幫助環境與企業利益兩者兼得。

讓我們一項一項來看。第一是「產品服務化」。米其林輪胎不再銷售輪胎，取而代之的是計算行駛距離後，只向顧客收取與行駛距離等值的費用。因為產品的所有者是米其林，所以很輕鬆就能做出輪胎回收、重複使用的決策。

第二是「從持有轉變為共享」。以一年時間為基準進行的調查結果顯示，大部分私家車實際行駛的時間只有5%。95%的時間都停在家裡或停車場。讓這種浪費成為收益，就是共享經濟。說到汽車就會想到優步（Uber），說到住宿就會想到Airbnb就是很好的例子。特別是年輕人對共享抱持開放的心態，這就是看好共享經濟未來的原因。

第三是「延長產品壽命」，回收消費者不再使用的產品，進行修理、改善，賦予新的價值。電腦公司戴爾（Dell）建立一種商業模式，買下消費者不再使用的電腦，重新銷售符合其他消費者需求的部分零件。日本家電量販店山田電機正在發展購買二手家電、修理後轉售的二手家電業務。消費者「只要必要的功能可以用，便宜的二手物件就夠用了」的意識變化正在帶動這些企業的銷售。實際上，二手商品流通業的收益率比販售新產品還高。

第四是「回收與再利用」。從前是使用後作為廢棄物處理，但現在從製作開始就考慮到使用後如何用於其他用途。P&G在45個生產設施中實現了零廢棄物掩埋（Zero waste-to-landfill）。通用汽車改變了製造過程，使過去廢棄的材料能夠重新使用在製造過程中。全球一百多個工廠進行這樣的活動，僅回收材料的銷售金額就賺取數億美元。

第五是「建設再生型供應鏈」。使用再生能源，既可減少採購成本，又可以實現穩定的採購。宜家（IKEA）在店面設置太陽能板，節省電費，還可以獲得穩定的電力供應。英國紡織公司Tamicare正以3D列印機生產可生物分解的服裝。

同樣的事物端看用什麼眼光看待，可能成為令人頭疼的東西，也可能成為寶物。在將垃圾視為要花錢處理的東西時期，為了減少處理費用，偷偷丟棄是家常便飯，由此引發的環境污染事件也屢見不鮮。

但是埃森哲強調「讓我們以財富源泉的新視角看待廢棄物」。如果放棄線性經濟，也就是「採集－生產－廢棄」的想法，換成「採集－生產－回收」的新思維，垃圾也會成為資產。即使是相同的水，牛喝下後會成為牛奶，蛇喝下會成為毒藥。透過持續的努力，埃森哲成為相關領域的專業領導者。他們的呼籲敲響H&M的心，與H&M的合作就這樣實現了。

也許是因為十分關注永續、循環經濟，卡爾－約翰的繼任者，海蓮娜‧赫默森（Helena Helmersson）在2020年突然受拔擢為執行長，她的經歷十分精采。她在1990年代末進入公司，2006年在孟加拉首都達卡工作。她在這裡親眼目睹H&M如何透過業務對落後的孟加拉產生正面影響，並以這樣的經驗為基礎，在2010年回到總公司，負責社會責任及永續經營的策略業務。之後歷任永續經營部門負責人、生產部門全球負責人、營運長，最終成為CEO。從2009年開始領導公司的卡爾－約翰對永續經營非常感興趣，因此可以推測她的業務也會比其他公司的永續經營得到更多支持。

H&M專注於永續、環境並不意味著忽視利益。H&M的口號是「以最佳價格提供時尚與品質」（fashion and quality at the best price)。為了實現最佳價格，節省成本比什麼都重要。H&M沒有自己的工廠，而是與中國、土耳其等地的700家合作夥伴直接進行交易，以低廉的價格製作服裝。即使是CEO，如果不是緊急業務，出

差海外不會搭商務艙，而是搭乘經濟艙。即使是高階主管也大多沒有祕書。相反地，H&M的店面位於世界各大城市市中心的一級戰區。美國紐約第五大道、法國巴黎香榭麗舍大道、日本東京銀座、韓國首爾明洞的店面本身就是大型廣告招牌。

H&M也沒有忽視引人注目的行銷活動，在全球快時尚業首次透過與知名設計師、藝人合作，生產和銷售特別企畫的聯名商品。以低價提供名牌設計，得到消費者的熱烈回響。2004年與知名時裝設計師卡爾·拉格斐合作後，H&M的銷售額增加24%。之後還與瑪丹娜、Jimmy Choo、凡賽斯合作。

H&M重視循環經濟，堅持永續也不斷創造利潤，並透過基金會持續進行非營利活動。如果時代要經濟利益，就忠於利益，如果時代要永續經營，就忠於永續。因此H&M成了長久以來都受到喜愛、隨著時間推移而備受歡迎的品牌。經營企業並適當反映每個時代的需求，希望各位能參考H&M，檢視你的行業現在需要什麼。

領先別人一步：

沃旭能源

Ørsted

必要時就改名

#國企轉型　#從燃煤到風電

從燃煤發電到風力發電，沃旭能源甚至改變公司的使命，
領先他人成功轉變商業模式，成為再生能源業界的王者。

「擱置資產」（stranded assets）指的是原本有用但後來變得過時，令公司陷入困境的資產。煤炭、石油就是代表例子。工業革命後，擁有煤炭和石油的國家成為富國。但今後將有所改變。由於需求減少，廢棄的輸油管、海上鑽油平臺和不開採的剩餘石化燃料等都會成為難題。你說現在提這個是不是還太早了？從埃克森美孚（Exxon Mobil）的地位變化來看，這個論點似乎沒錯。

埃克森美孚的前身是1870年石油大王洛克斐勒（John Davison Rockefeller）創立的標準石油公司（Standard Oil）。標準石油是1890年代壟斷美國88%石油市場的企業。但在1911年，埃克森（Exxon）、雪佛龍（Chevron）、美孚（Mobil）等34家獨立公司根據反壟斷法遭到解散。此後石油業發生多次洗牌重組，1999年埃克森合併美孚後重新誕生為巨無霸企業。2014年成為以市場價值為標準來看的世界頂級企業。但事情就到此為止。後來隨著股價下跌，市值也隨之下降，於2020年退出S&P 500指數（標準普爾500指數）和道瓊指數。雖然有很多原因，但堅持石油事業是主要原因之一。並不是所有的石油公司都遭遇跟埃克森美孚一樣的命運。也有改變商業模式，乘勝前進的企業。丹麥的沃旭能源（Ørsted）就是很好的例子。

1970年代初，隨著石油危機發生，丹麥切實感受到能源自足的必要性。因此成立生產北海石油和天然氣的公司DONG（Danish Oil

& Natural Gas）。2006年，DONG與海上風力發電的Elsam等六家公司合併，更名為東能源（Dong Energy）。

2009年，丹麥哥本哈根舉行第15屆氣候變遷大會，向國際尋求共同應對氣候危機的方法。可惜這次會議沒有取得什麼成果就結束了。雖然在美國總統歐巴馬的主導下，28個主要國家的元首及代表起草《哥本哈根協議》（Copenhagen Accord），但發展中國家強烈提出決策程序和透明度問題，未能通過協議，只做出「註記」（take note）程度的結論。然而東道主丹麥的立場卻截然不同。深切感受氣候變遷重要性的丹麥政府決定改變東能源的業務結構。當時東能源的營運結構為石化燃料火力發電事業占85%、再生能源事業占15%，但他們表示將在2040年前改為石化燃料火力發電占15%、再生能源占85%的結構。2009年發表的85/15願景就這樣誕生了。

加速變革的機會出現在2012年。天然氣價格下跌90%，標普下調了東能源的信用等級。有了危機意識的東能源董事會便任命樂高前高階主管亨利克・波爾森（Henrik Poulsen）為CEO。在這種情況下加入的CEO很容易以裁員等保守方式管理公司，但是波爾森不同。他把危機視為從根本上改變的機會，宣布從黑色（煤炭、石油等石化燃料）轉變為綠色（風力、太陽能等再生能源）。

首先，在12個業務部門中，他決定撤消黑色能源的8個部門。為此將石油及天然氣事業出售給英國石油公司英力士（Ineos），並

將公司更名為「沃旭能源」（Østed，實際發音接近奧斯特）。對科學感興趣的人應該聽過漢斯·克里斯蒂安·奧斯特（Hans Christian Ørsted）的名字，他是丹麥最有名的科學家和創新者。奧斯特憑藉好奇心、熱情和對自然的興趣，發現了電流磁效應，奠定發電領域的基礎。

取名為沃旭能源是為了表明將繼承奧斯特的理念，成為發電領域的革新家。沃旭能源不僅出售石油及天然氣事業，還決定在2023年前全面停止使用煤炭燃料，2025年開始利用綠色能源生產大部分電力。出售賺錢事業或縮小規模，銷售額肯定會下降。難道沒有突破口嗎？他們選擇了海上風力發電作為新的商業模式，而該領域的成本是陸上風力發電的兩倍。

但是沃旭能源試圖擴大風力發電規模，同時也降低成本。結果成功節省了60%以上的成本，增加30億美元以上的收入。目前沃旭能源已成為世界上最大的海上風力發電公司，全球市場占有率超過30%。

隨著歲月流逝，商業模式也要改變。如果商業模式發生變化，就要持續進行相應的品牌更新程序。蘋果公司不也是在2007年集中精力開發iPhone，並從公司名稱中刪除了「電腦」嗎？[2]ESG時代該如何改變商業模式？採取什麼樣的品牌更新策略呢？我們有必要參考沃旭能源的決定。

---

2 譯註：2007年，賈伯斯將公司名稱蘋果電腦（Apple Computer Inc.）改為蘋果（Apple Inc.）

真誠的力量：

美則

method.

環保＋設計＋清潔力
#香水瓶般的廚房清潔劑　#優質策略

美則打破了環保產品欠缺功能和包裝的刻板印象。
他們以真誠當武器，在各大企業中成為優質環保產品的代名詞。

與過去不同，環保產品的人氣日益高漲。但由於生產成本高，環保產品至今仍屬於高端市場產品，因此必須在狹小的市場競爭。而在清潔劑領域有個引領高端環保市場的品牌，就是美則（Method Products）。

　　在日用品行銷領域工作的艾瑞克·萊恩（Eric Ryan）和在卡內基研究所研究環境問題的亞當·勞瑞（Adam Lowry），與其他三名朋友住在一起。因為不是一個人，而是五個人一起生活，所以打掃住家是件苦差事，尤其他們對清潔劑很不滿意。清潔力強的產品毒性很強，需要戴上塑膠手套，保存起來也很麻煩，而無毒環保清潔劑的清潔能力較弱。能不能製造出既環保又清潔力強的產品呢？萊恩和勞瑞開始一起思考，這就是故事的源起。

　　2001年，萊恩和勞瑞創立公司，然後從住家附近的店鋪開始一一攻略。到這裡與其他新創公司的活動沒有什麼不同。美則的特別之處在於他們對產品設計的重視程度不亞於產品性能。美則的花瓶造型容器設計非常迷人。而在現有的清潔劑中，企業和消費者對設計都沒有太大關注。外包裝設計半斤八兩，清潔力也差不多。價格多少、折扣多少才是決定購買的關鍵因素。美則採取的方法不同，它的武器是能夠向來到家裡的客人炫耀漂亮設計。因此儘管美則是清潔劑，但人們還是會把它放在廚房前排、浴室牆面等顯眼的地方，而不是櫃子裡。

美則的產品設計出自誰之手呢？令人驚訝的是，這是世界三大工業設計師之一的卡里姆・拉希德（Karim Rashid）的作品。萊恩和勞瑞希望設計出媲美藝術品的風格，在創業初期初生之犢不畏虎地傳送電子郵件給拉希德：

我們開發出比傳統清潔劑更有效的純植物性清潔劑。這樣的話，包裝容器應該也要比現有的清潔劑更出色，但我們沒有能力製造這些東西。我們需要您的幫忙，但是付不起設計費，如果是和我們共享清潔劑的收益，不知您意下如何？

拉希德回覆說他來負責設計。

2002年，美則推出第一款產品。一開始先在舊金山和芝加哥的兩家Target商場試賣。比起環保和清潔力，顧客更受拉希德獨特的產品設計所吸引，將產品放進購物籃。為期七個月的試賣取得成功。接下來的目標是在全美各店販售美則產品。

美則產品還注重香味。萊恩表示：「有天打開Snapple[3]瓶蓋的瞬間，我就想，難道不能讓Pine-Sol也是這種味道嗎？」Snapple是飲料品牌，Pine-Sol是多功能清潔劑品牌。如果將這段話換成我們熟知的例子，會是：「打開芬達汽水瓶蓋的瞬間，我就想如果魔術靈[4]也有這種味道，會不會更好呢？」當然，用「清潔用品也有好聞的味道

是不是更好呢？」來表達也能傳達意思，但是不會留在人們的腦海。如果提到Snapple並說出Pine-Sol這個詞，消費者的大腦就會活躍起來，記憶突觸也會強烈地啟動。

1980年代環保運動的核心訊息是「地球生病了」。有志之士加入這項運動的行列，但大多數人都沒有理會，因為跟自己無關。也許正因為如此，如今環保運動傳達的訊息變成「對自己的身體不好」。事實上也是如此。看看打掃浴室使用的清潔劑。使用說明書上寫著「具有強烈有毒物質」，要用水稀釋後再使用。即使稀釋，也一定要先戴上塑膠手套，擔心清潔劑濺到身上，得小心使用。但是使用美則不必如此，不僅對消費者身體無害，甚至可以食用。

事實上在銷售初期就發生過這樣的事。萊恩接到一位女性顧客的電話，她看到產品包裝上的號碼打來，哽咽地說：「我兒子喝下美則浴室清潔劑」。她表示正在透過其他電話與有毒物質管理中心通話。她急忙問萊恩：「清潔劑中添加了什麼原料？」萊恩冷靜而溫柔地回答：「請冷靜。給妳兒子喝杯水吧。裡面沒有什麼是有害的。」隨後女子掛斷電話，再也沒有打來。

萊恩說起這件事：「我覺得真是幸好，也很欣慰。因為我們的產品只使用椰子油等天然原料，所以吃下去也沒問題。」

美則在美國公認是真誠可靠（authenticity）的品牌。以大量客

---

3 譯註：Keurig Dr Pepper旗下的茶和果汁飲料品牌。
4 譯註：原文中舉的例子為韓國清潔劑品牌，此處替換成台灣常見品牌魔術靈等。

製化、體驗經濟著稱的作者詹姆斯・吉爾摩（James H. Gilmore）和約瑟夫・派恩（B. Joseph Pine II）在2007年介紹後，真誠一詞引起世人關注。在韓國，2012年的各種趨勢手冊開始出現這一概念。簡單來說，真誠就是坦率地說「好就是好，不足就是不足」。真誠比起廣告更重視用戶體驗，透過用戶的口碑構建產品形象。美則如實地表達，沒有誇大其詞，讓聽的人點頭。一聽就記住，像在自己眼前發生般歷歷在目，同時也對美則的產品產生強烈的信任。美則從產品上市初期開始就在聯合利華、P&G等日用品巨人之間建立起自己的領域。美則的祕訣是什麼呢？

第一，概念鮮明的產品競爭力。產品本身既環保又清潔力強。少了其中一項就等於「沒有餡的包子」。環保的概念符合21世紀企業的目標，出色的清潔力加上高雅的香氣，讓美則擁有獨特的強大競爭力。

第二，真誠的行銷也發揮很大作用。兩位創辦人沒有強調產品的功能，而是初期就以小朋友不小心誤食產品的插曲作為宣傳素材，抓住消費者的心。還得到環境相關認證。身為履行社會責任的企業，在2007年獲得B Corporation企業認證；2008年開始使用100%回收產品容器；2009年還獲得「從搖籃到搖籃」（cradle to cradle）認證，不僅在原料上，在產品設計和製造過程中也實踐永續性。

2012年，兩位創始人將美則與環保清潔用品公司Ecover合併。

在美國，新創公司被大型企業收購合併是成功方程式。2017年美國莊臣（S.C. Johnson）收購Ecover後，美則成為美國莊臣的子公司。

出售企業後，萊恩和勞瑞走上不同的道路。萊恩在2014年成立OLLY Nutrition公司。該公司以果凍型的維生素及保健品著稱，瓶身設計也很可愛。萊恩具有讓顧客僅看產品包裝設計就激發購買欲的才能。該公司的哲學是「輕鬆愉快地攝取營養」。聯合利華喜歡這一哲學，因此在2019年併購OLLY Nutrition，任命萊恩為發展長（Chief Growth Officer，CGO）。

萊恩在2019年挑戰第三個事業Welly。Welly的目標是打造優質品牌。以韓國來說，這是像DAEIL OK繃[5]一樣的產品，獨特的設計是其特點。特別是很多人是因為喜歡Welly OK繃的外盒包裝設計而購買。

勞瑞則在2014年創立Ripple Foods，這是一家用黃色豌豆製作替代奶的新創公司。以大豆、杏仁等製作植物奶的市場已經存在。但豆漿存在殘留白色殘渣的缺點，而原料的大豆則有基因改造風險。杏仁奶具有熱量約為牛奶或豆漿三分之一的低膽固醇優點，但蛋白質不足，且在製造過程中需要大量的水。Ripple Foods致力於用黃豌豆製作出味道比現有植物奶更出色、用水量更少的產品。

企業是有機體。會受經營環境影響，領導力也很重要。

---

5 譯註：以台灣來說，就是3M OK繃。

美則在適當時間以優秀創意獲得成功。如果時間點太早或設計不怎麼樣，就不會成功。對市場行銷產生自信的萊恩，此後以「精采的設計概念」為基礎不斷獲致成功。精通環境問題的勞瑞則進入考量氣候變遷的未來市場。他們各自都在做適合自己的工作。

　　雖然他們現在各走各的路，但起點是一樣的，起於對環保的意氣相投。他們並沒有向消費者呼籲「因為這是環保產品，請購買吧」，而是在產品設計上投注心血。因為精采設計很容易定位成優質品牌，加上「環保」概念，創造出屬於他們的市場。

　　綠色產品的成本必然很高，在價格上當然很難表現產品競爭力。相比之下，在產品概念、設計、品牌方面追求美更為明智。一旦成功，消費者的價格抵抗力就會降低。對於想要引進ESG要素的企業來說，美則是很成功的行銷案例。

只雇用60歲以上的員工：
加藤製作所

不是故作樣子

#歡迎資深員工　#地方企業的想法轉變

「徵求有企圖心的人，但只限60歲以上。」

ESG中「S」的核心關鍵詞是DEI（Diversity, Equity and Inclusion），意即職場展現的多元、公平、包容。也就是不因種族、性別、教育、國籍、文化、宗教、世代、性少數的差異而受到歧視，追求人人受到尊重的職場文化。在這裡，我們要關注「世代」。以2022年為準，若嬰兒潮世代還過著職場生活，真是天大的幸運。大部分嬰兒潮世代已經退休或即將退休，但是讓他們繼續處於退休狀態難道是值得提倡的嗎？百歲時代即將到來，難道50歲出頭就退休，之後還要這樣活個40年以上嗎？

　　有一家企業從20多年前就開始實行長者招聘制度，就是加藤製作所。加藤製作所現在是由創辦人的第四代子孫經營的中小型企業，擁有115名員工，銷售額達15億日圓。1888年以生產犁等農具作為事業起點。如今生產用於汽車、飛機和家用電器的金屬零件。身為三菱重工合作公司的加藤製作所已經具備充分的基本實力。總公司和工廠位於日本中部地區的岐阜縣中津川市。

　　該公司成名要追溯到2001年。當時，日本剛走出「失落的十年」階段。經濟依然沒有起色，地區中小企業的處境尤其艱難。加藤製作所的情況也是如此。要求「交貨單價更低、交貨期更短」的客戶增加了。想要滿足客戶的要求，必須啟動「每週七天生產線」，但是一個人總不能連續工作一週吧？雖然需要招聘新員工，但當地年輕人都前往大城市尋找工作。

創始人的曾孫加藤景司代表決定打破對雇用的思考框架。一定要是日本人嗎？必須是男性嗎？非得是年輕人嗎？同時開始雇用外國人、女性、身障者，並延續至高齡層（老人）的招聘。正好加藤代表得到「中津川的老年人口中有一半處於未就業狀態，其中17%希望就業」的研究結果，立即在報紙上刊登徵人啟事：

徵求有企圖心的人。不論男女，不論經歷。但是有年齡限制，只限60歲以上的人。

這是非常有趣的徵才句子。限制年齡不是上限，居然是下限！看到傳單後有一百多人報名，其中有15人被錄用。

雇用高齡職員的核心是「每週工作28小時以下」。日本《勞動法》規定，如果工作時間超過正式工作時間（40小時）的三分之二，就不能領取政府發放的老年年金。年金金額為每月平均約台幣28000元左右。該公司向高齡職員支付的時薪為800～900日圓。如果每月工作112小時（28小時×4週），將產生9萬～10萬日圓左右的額外收入。這是僅次於年金的極具吸引力的金額。

就像所有事情一樣，剛開始都伴隨著困難。對於總是尋找「標竿管理」、「更佳案例」的人來說，最初的嘗試視為危險的挑戰，要立刻說服現有員工並不容易。加藤社長對員工說：「我想創建能讓

大家安心工作的公司，讓大家在退休後能繼續工作。在年長員工的幫助下，可以實現低成本、短交貨期。提高銷售額的利潤也將分給大家。」

但是現有的年輕一代員工，光是因與年長員工在同一單位工作就感到不便。年長員工其實在工作速度上也與年輕人有別。而比工作速度更大的問題是學習速度，特別是在工作程序上，有時需要使用英語，但教起來並不容易。例如當向年長員工說「請把Monkey（扳手）拿來」時，他們會反問「是要拿猴子嗎？」也有因為犯下這類錯誤而離開公司的年長員工。

為了解決這種混亂，平日以年輕員工為主組隊工作，週末和公休日則由長者和年輕人一起工作。初期的混亂隨著時間過去而平息。據說現在僅從外表來看，已經無法知道誰是長者，誰是年輕人，團隊充滿活力。

經過這樣的努力，加藤製作所在2002年全國高齡者雇用開發大賽上獲得厚生勞動大臣獎最優秀獎，聲名大噪。2011年獲得日本公益社團法人頒發的人財和諧獎（人財ハーモニー賞），2012年出版《徵求有企圖心的人，但只限60歲以上》一書。2014年在經濟產業省每年評選的「多樣性經營企業百選」（ダイバーシティ経営企業100選）中，成為首次入選的岐阜縣企業。

如今在加藤製作所，60多歲的人稱為年輕人，還有80多歲的員

工。在全體92名員工中，年長員工有43人（2022年2月資料）。在2018年的長期工作者的頒獎典禮上，一名工作年資60年和五名工作年資50年的長者分別獲獎。對我們來說就像作夢一樣。

雇用長者有三種好處。第一，對長者自身有幫助，能自立照顧健康。第二，對企業也有幫助。像加藤製作所一樣週末需要人手時，可以以較低的費用取得勞動力。擁有技術的銀髮族在培養年輕技術人員上也有貢獻。第三，對地方社會有幫助。長者退休後想工作卻沒地方工作，在這樣的現實下，提供工作場所對地方社會有很大的幫助。

對於ESG管理來說公平性非常重要。但是公平性不能偏向於「董事會女性董事的比例」，而要根據個別企業的情況，尋找有助於企業經營的方向。這就是ESG強調「S」的真正目的。實踐這些的企業，以及代表該企業的品牌將長期受到喜愛。

▶ **專注於組織重整而陣亡的史谷脫紙業**

　　1960年代末期，生活用品業巨頭P&G進軍紙尿布等紙類消費品產業。業界排名第一的史谷脫紙業（Scott Paper）連抵抗的想法都沒有，就直接開始組織重整。但是驚慌失措的史谷脫紙業遭競爭對手併吞，只剩下產品品牌，公司消失了。曾經是產業龍頭的公司為什麼會倒閉呢？

　　1879年，史谷脫兄弟成立史谷脫紙業。史谷脫紙業生產全世界第一個捲筒衛生紙，在該領域聲名大噪。同時期誕生的金百利克拉克（Kimberly Clark）致力於經營造紙工廠，因此彼此之間並不是競爭關係。直到1961年，史谷脫紙業還是成功企業，主導著餐巾紙、衛生紙等紙質消費品市場。隨著時間流逝，1960年代末，生活用品業巨人P&G進軍紙類用品產業。史谷脫紙業並不想與P&G競爭。某位分析家描述了當時史谷脫紙業的會議氣氛：「那是我迄今參加過最沉悶的會議。事實上，管理階層已經舉白旗投降了。『我們哪有辦法和最強公司對抗呢？』並嘆了口氣說『應該還有一些公司的情況比我們

更糟吧』。在認為能贏但實際上不知鹿死誰手的情況下，如果直接認為很難取勝的話，百分之百會輸。

1960年代初期占據紙製用品市場50%的史谷脫紙業，在1970年代初期市場占有率下降到了30%。這種趨勢仍在繼續。1981年至1988年，為了對陷入昏迷狀態的公司施加急救療法，採取了大規模的改革措施。他們提高工資中的獎金比重，並讓數百名管理階層退休，注入新的活力。並在策略顧問的幫助下檢查公司的目標和策略。每次進行新的嘗試，效果似乎都還不錯，但好景不常。從中長期來看，反覆漲跌造成利潤一直在下降。

就像要解雇人，除了遣散費外還要支付一些錢，組織調整也需要費用。1990年花了1.67億美元，1991年花費2.49億美元，僅1994年上半年就花了4.9億美元，組織調整花費高達10億美元。過程中，史谷脫紙業的公司債券則跌至垃圾債券等級。

當時，他們聘請了綽號「藍波」的艾爾‧鄧樂普（Al Dunlap）擔任CEO。業界人士看到這則新聞後，認為「不久史谷脫紙業就會消失了」。作為組織調整專家，鄧樂普開始累積名聲是從1983年就任負債累累的Lily Tulip Cup紙杯公司CEO開始的。他關閉工廠，大幅裁了總公司員工。結果他降

低成本，提高企業價值，再向其他公司出售這家重組過的公司。這就是他的商業模式和專長，他也透過同樣的方式拯救了 Consolidated Press Holdings。史谷脫紙業也不例外。

鄧樂普在史谷脫紙業工作了603天。在此期間解雇了1.1萬人，包括71%的高層管理人員，共解雇了41%的員工。研發預算也削減一半。由於人事成本減少，花費減少，虧損也隨之減少，利潤因此增加。以好轉的會計帳為基礎，鄧樂普以90億美元的價格將史谷脫紙業賣給金百利克拉克，他因此獲得1億美元，若以當時就任1.5年來算，相當於每天賺16萬5000美元。

金百利克拉克之前發生了什麼事？在P&G進入紙製用品產業時，他們也宣布要進入這個市場。主導該宣言的人物是當時領導金百利克拉克的達爾文·史密斯（Darwin Smith）。在他擔任CEO的1971年，金百利克拉克還只是一家老牌紙業公司。到了1991年，史密斯擔任長達20年的CEO，將陳舊的公司變身為卓越的公司。不僅輕鬆戰勝了競爭企業P&G、史谷脫紙業，還超越了當代最強企業可口可樂、惠普、3M、GE，取得優異的業績。史密斯就任CEO後得出結論：傳統核心業務，也就是塗布紙終將面臨淘汰的命運。不僅經濟性差，競爭力也弱。但是紙製用品市場，也就是P&G認為有吸引力的市

場，其成長性非常巨大。但如果進入該市場，將不可避免地與P&G一決勝負。就看是要選擇慢慢死去，還是走向飛躍或滅亡。

經過深思熟慮，他決定背水一戰，在內部會議打開話匣子。「好，希望大家現在都站起來默哀片刻。」所有人都向面面相覷，訝異史密斯在說什麼。誰死了嗎？一陣困惑之後，大家都站起來低下了頭。一片沉默後，史密斯環視與會者說：「以上是為P&G默哀的片刻。」

與會者無不感到一股興奮。這股氛圍瞬間傳到公司各個角落，所有員工都變身成想打敗歌利亞的大衛戰士。史密斯宣布出售所有造紙廠的決定，之後投資好奇尿布（Huggies）、舒潔（Kleenex）等品牌，將所有力量都投入到紙製用品事業上。商業媒體批評此舉是愚蠢的行為，華爾街分析師則貶低其股票價值。但25年後，金百利克拉克完全擁有了史谷脫紙業，並在八個產品類別中的六個領域超越了P&G。

*參考書目：《為甚麼A+巨人也會倒下》（*How the mighty fall*），詹姆・柯林斯（Jim Collins）著。

Part 3

一致性：
越是波濤洶湧，
就越回到初心

一致性（Consistency）可分為縱向一致性和橫向一致性。縱向一致性是隨著時間推移而形成的一致性。**默克藥廠**經歷了「公共衛生」的上位目標和「投資者利益」的下位目標發生衝突的經驗。但是默克沒有前後反覆評估或躊躇，而是毫不猶豫地遵從公司的初衷。默克維持品牌一致性，成為受人尊敬的企業，同時成為高收益的公司。與此相比，**星巴克**一度失去了初心，失去了霍華·舒茲（Howard Schultz）將星巴克提升至優秀品牌行列的精神。結果股價腰斬，直到舒茲重新上場才收拾殘局。

　　BEN & JERRY'S是值得從品牌一致性角度仔細觀察的公司。中小型公司一旦被大企業併購就會失去品牌認同感。但是BEN & JERRY'S堅守著固有的企業文化，仍然是備受喜愛的品牌。其祕訣是什麼呢？

　　其次是橫向一致性。重點在讓每個品牌的接觸點發出一致的聲音。下面將介紹荷蘭零售品牌Albert Heijn的代表案例。這家對我們

來說較陌生的企業為了達到減少食品廢棄物的目的，開設了只營運幾個月的快閃餐廳，經過長時間的努力，將其獨立為一個事業。仔細觀察這一過程，可以學到指向單一方向的一致性如何改變企業。

今日，社會貢獻與品牌一致性策略的重要性毋庸置疑。以下介紹乍看沒有關聯的**東京瓦斯**料理教室這個代表案例。

做認為正確的事：
默克

免費提供藥

#與視障者的約定 #羅伊・瓦杰洛斯

默克總部的《視力的禮物》雕像。

進入位於新澤西州的默克藥廠（Merck）總部，映入眼簾的是名為《視力的禮物》（Gift of Sight）雕像。這件作品描繪一個小孩帶領盲人去某處的場景。這座雕像為什麼會出現在默克總部？故事可以追溯到1970年代。

　　1978年，默克公司的研究員威廉・坎貝爾（William C. Campbell）博士發現治療家畜寄生蟲感染而開發出的伊維菌素（Ivermectin）可以治療人類的蟠尾絲蟲感染。蟠尾絲蟲是一種可怕的寄生蟲，藉由沿河岸繁殖的黑蠅傳播。黑蠅叮人後，絲狀幼蟲就會進入體內，生活在皮膚下，幾年內就會長成60公分長的成蟲。這些幼蟲會引起嚴重的搔癢症狀，有的患者忍不住痛苦選擇自殺。如果幼蟲侵入眼睛可能會導致失明。因此該病也稱為「河盲症」（river blindness）。

　　如果15歲時感染蟠尾絲蟲，不到30歲就會失明。因此非洲部分地區認為到了30歲眼睛會瞎掉是理所當然的。而那座雕像，描繪的就是孩童牽著失明大人的手，引導他們去工作，可說是非常日常的畫面。那不去河邊不就行了？遺憾的是，土壤肥沃、水源充足的河岸是當地居民的生活基地。如果為了躲避感染而離開河岸就無法獲得糧食。所以只能在失明或餓死之間作選擇。

　　默克經過多次實驗，於1987年開發出消除蟠尾絲蟲的「Mectizan」，但是經濟因素阻礙了這一進程。在非洲建立物流管道

需要200萬美元，製作成本每年需要2000萬美元。患有河盲症的西非國家是世界上最貧窮的國家。在泥屋穿著草編裙過活的人不可能有錢買Mectizan，負債累累的政府也沒有意願。

當時擔任默克CEO的羅伊‧瓦杰洛斯（Roy Vagelos）向世界衛生組織要求資金支援，但遭到拒絕。他也向美國國際開發署和國務院懇切請託，但得到的答覆都是一樣的。需要資金的瓦杰洛斯最終打出底牌，他決定直接動用默克的資金。1987年10月21日，瓦杰洛斯宣布：

> 默克向全世界所有人無償提供Mectizan。

此外還與聯合國兒童基金會等多個組織一起啟動「Mectizan捐贈計畫」（Mectizan Donation Program，MDP）。「無償捐贈藥物」對製藥公司來說太荒謬了。執行這項計畫需要鉅額資金，卻沒有利潤。企業不是慈善團體，投資者不可能坐視不理，這是可以處理掉手上股票，或藉此向董事會施壓並罷免瓦杰洛斯的事項。但對羅伊來說，這不是艱難的決定。因為比起利潤，他更渴望利用科學為社會做出貢獻。

我們先來瞭解一下瓦杰洛斯這個人吧。他是希臘移民之子，從小就在家人經營的餐廳削馬鈴薯皮和洗碗。餐廳附近正好是默克研究中

羅伊‧瓦杰洛斯（中），帶領默克無償提供Mectizan的計畫提升了默克的品牌價值。

心，這裡的研究員和工程師是餐廳的常客。瓦杰洛斯在聽到默克員工興奮地談論開發能增進人類健康的藥品時，也默默培養自己的夢想。長大後他攻讀化學系並進入默克公司，都是因為小時候聽到研究員的熱血故事。

他關心的不是MDP所需的資金，而是Mectizan將改變數百萬人的生活。當然，默克「藥品不是為了利潤，而是為了患者」的堅定經營哲學幫助他毫不猶豫地做出決策。領導默克的喬治・默克二世在1950年代曾說過這樣的話：

我要總結一下我們公司一直支持的原則。我們努力不忘記藥品是為了患者，也是為了人類。藥品不是為了利益。只要記住利益本身是附帶的，利益就會自動隨之而來。越是銘記這一點，利益就越大。

正是因為默克好好地貫徹了這種經營哲學，所以可以果斷地做出決定。

MDP取得巨大成功。該計畫是至今仍在營運的最古老藥品捐贈計畫。原本捐贈地區局限於西非，1993年擴大到中南美洲。計畫開始後，向居住在非洲、中南美洲等危險地區的三億人提供40億劑以上的藥劑。世界衛生組織宣布，受到這項計畫的幫助，哥倫比亞、厄瓜多、墨西哥、瓜地馬拉的河盲症完全消失。

MDP為公司聲譽做出巨大貢獻,使默克建立起富強烈社會責任感的形象。《財富》(*Fortune*)雜誌從1987年到1993年連續七年評選默克為美國最受尊敬的企業,這是空前絕後的紀錄。瓦杰洛斯表示「在開始MDP後的十年裡,沒有一位股東對該計畫表示不滿」,「反而收到很多同事的來信,坦承表示正是因為MDP才進入默克公司」。

因為這樣的名聲,默克今日成為擁有2000億美元以上企業價值的全球最大製藥公司。當然,投資者也從中獲益。1978年以來,默克股票的年均報酬率達到13%,是標普500企業平均報酬率(9%)的1.5倍。

在公共衛生這一企業哲學和投資者利益這一目標發生衝突時,默克展現了應該如何行動。默克遵循其長久以來的經營哲學,在決策困難時,不是去衡量各種情況,而是跟著其經營哲學走。在一致性方面,沒有比這更好的品牌策略了。

注重核心理念：
星巴克

全球各店關門3小時

#品牌危機 #霍華德·舒茲

2008年2月26日，星巴克決定關閉全球7100家店，關門3小時。
為什麼會做出這樣的決定？

要判斷你現在所處地區是不是繁華區的標準，只要看看附近有沒有星巴克就知道。星巴克是深獲全世界喜愛的咖啡品牌。這家可以舒適休息，又可以聚會的咖啡館，獨特的氛圍使星巴克成為無可取代的品牌。

　　談到星巴克，有個人不能不提，就是霍華德・舒茲。舒茲並不是星巴克的創辦人。1982年，他在羅布斯塔品種咖啡豆十分普遍的時期，愛上星巴克為了咖啡風味而堅持使用較貴的阿拉比卡咖啡豆的經營哲學，並成為星巴克的行銷負責人。然而從咖啡的故鄉米蘭觀摩回來後，他提出「濃縮咖啡吧」形式的商業模式，但公司拒絕接受，於是他離開了星巴克。之後他開始經營起自己想要的咖啡專賣店，最終在1987年收購了星巴克。1992年讓星巴克上市的舒茲於2000年光榮退休，星巴克的成功可以稱為霍華德・舒茲的成功。

　　從舒茲手中接棒的是奧林・史密斯（Orin Smith）。1990年，史密斯加入星巴克擔任財務長，1994年擔任營運長，2000年成為CEO。他是將星巴克從1990年的只有45家店，轉變成為世上最成功連鎖店的關鍵人物。積極擴張店面策略是他的標誌。2005年，吉姆・唐納（Jim Donald）從史密斯手中接任CEO。他在2002年擔任星巴克北美區總經理，關注史密斯經營風格的唐納德展開更積極的展店策略。

　　店面數量增加會發生什麼事呢？總銷售額增加。每家店的銷售額

如何？每家店銷售額的增加與整體銷售額的增加沒有直接關係。相反地，從個別店面的立場來看，整體銷售額的增加反而會帶來負擔。事實上，當時星巴克各分店的工作人員所承受的心理壓力相當大。當高層強力推動擴張策略，沒有哪家店長認為只要達到前一年的銷售額就足夠了。銷售額主導經營成效的組織，人事考核也必然由銷售額決定。如果僅靠咖啡無法增加銷售額，會採取什麼樣的策略呢？不僅賣起了三明治，還銷售泰迪熊等玩偶。星巴克就是這樣做的，與星巴克的氛圍搭不搭是其次的問題。

顧客不可能不知道這種變化。在2007年《消費者報告》的試飲測試中，麥當勞的Mac Cafe評價為比星巴克更好喝。星巴克咖啡的味道竟然不如速食店。當然，麥當勞的努力也應該得到認可。儘管如此，速食店和咖啡館成了比較對象，不是很尷尬嗎？為什麼會變成這樣？

星巴克為了增加銷量，引進預先烘焙咖啡豆再研磨，或者沖煮的咖啡無泡沫等不良沖煮方式，導致產品競爭力下滑。星巴克的股價僅在2007年就下跌了一半。為了解決問題，退休的舒茲又回到星巴克。2008年1月，舒茲回任CEO的新聞一出現，當天星巴克股價就上漲9%（如果是100兆美元的公司，就意味著上漲了9兆美元）。

舒茲立即採取多種重建策略，其中還有休克療法。2008年2月26日，他決定讓全球7100家店關閉3小時。並對15萬5000名咖啡師進

行萃取濃縮咖啡及服務流程的教育。這段時間不營業，所以要承受損失，但是「為了提供完美的咖啡給顧客，暫時關閉店面」的告示讓顧客留下深刻印象。該事件成為星巴克重新獲得顧客對咖啡風味信任的契機。

他也合併分店。經過實地調查，判斷有600家店在產品和服務上有問題。這些品質不佳的店面有70%是近三年開業的。

這不是追求合理性和利潤的實質成長，而是只為了成長而成長。很快地，這些店就關了。此外，他還建立全球店經理直接向舒茲報告的hotmail系統，並推出各種獎勵計畫來吸引忠實顧客，成功讓星巴克復活。

成長對於企業固然很重要，但是成長不該成為目標。舒茲表示：「一旦成長視作策略（strategy），就會產生誘惑（seduction）和成癮（addiction）。成長決不是策略，也不該成為策略。成長只是戰術（tactic）。」

他還表示：「多年來我得到最重要的教訓之一是，在成長和成功的美名下，許多錯誤可能會掩蓋。當然，我們會經歷更多失敗和錯誤，但是我們得到非常重要的教訓。一旦重新進入成長軌道，我們將以與過去不同的方式推動成長。也就是將更加慎重地追求正確和有盈利的成長。」

星巴克將成長作為最高目標是在2000年，而不是2007年。但是

為什麼2000年沒有問題，2007年卻成了問題呢？任何事情都不會立即見效。即使減重也要過幾個月才能減少，就算停止減重，第二天也不會馬上回到原來的體重。成長是必要的。但是當結果變質為目的的那一刻，船就開始慢慢沉沒。

之前默克的例子，如果按照企業內部的經營理念做出決策，就可以維持品牌的一致性，解決問題。那星巴克呢？經營哲學不知不覺地改變了。舒茲從未強調過成長，但是繼任者卻動搖了。於是出現品牌危機，也就是品牌認同面臨危機。這時的解決方法就是回到初衷。他想起在早期艱困時期，大家團結一致克服危機的情況。

人稱「經營之神」的京瓷（Kyocera）名譽會長稻盛和夫拯救了因巨額負債而苦苦掙扎的日本航空（JAL），他當時採用的策略之一，就是恢復日本航空首次開通海外航線時的飛機餐。藉此激起日本航空的自豪感，就像前輩能克服困難一樣，喚起我們也能做到的鬥志。

當企業陷入危機，就要重新找回創辦人的精神。回顧一下創業當時的品牌精神、品牌價值是什麼。就像星巴克做的一樣。

連結並擴展樂趣與事業：
BEN & JERRY'S

換了主人依舊保持初衷

#蘊含哲學的冰淇淋　#BEN & JERRY'S

2018年，BEN & JERRY'S為反對川普總統的種族主義而推出的「Pecan Resist」冰淇淋。

班‧柯恩（Ben Cohen）和傑利‧格林菲德（Jerry Greenfield），初中就認識，後來成為摯友。兩人並不是特別顯眼的學生，只是過著平凡、甚至有點無聊的生活。26歲時，他們想嘗試做點有趣的工作。

　　剛開始他們想開貝果店，但投資金額比想像中高。打聽了一下，覺得冰淇淋店的花費應該比較少。但是兩人都不會製作冰淇淋。後來找到只需5美元學費的函授課程，教導冰淇淋的製作方法。兩人上完課，用自己的8000美元和向周遭朋友借來的4000美元改造一間加油站，開起冰淇淋店。想到國際品牌BEN & JERRY'S，多少會覺得這聽起來有些荒唐，但這就是1978年BEN & JERRY'S冰淇淋的誕生故事。

　　冰淇淋的競爭力在於味道和香氣，但是柯恩的嗅覺和味覺卻非常遲鈍。因此當他說要開始做冰淇淋時，親友都急於勸阻。但共同創辦人格林菲德的想法卻不同。「班，如果你做出適合你口味的冰淇淋，那將是有史以來最獨特、最美味的冰淇淋。」

　　有如自我預言般，他們製作的冰淇淋在創業三年後就登上《時代》雜誌的封面，十分受歡迎。人潮蜂擁而至，稱讚它是世界最好最美味的冰淇淋。隔年，1982年，他們離開故鄉佛蒙特州，開始在其他地區開設分店。因為做出口碑，銷售額急劇增加。1983年的銷售額還不到200萬美元，到了1984年則超過400萬美元。考慮到1980年

代的貨幣價值，這是地區性冰淇淋店難以賺到的金額。

兩個朋友開冰淇淋店的理由，就是為枯燥的生活增添樂趣。但是隨著事業擴大，需要費心的事變得太多了，快樂也逐漸減少。格林菲德選擇退休，柯恩則試圖尋找其他樂趣。首先，對於幫助BEN & JERRY'S成長的社區，他們贊助演唱會和電影節，大家反應很好。受此鼓舞，1985年成立BEN & JERRY'S基金會。退休的格林菲德重新回歸，負責基金會的營運，以每年稅前淨利的7.5%經營BEN & JERRY'S基金會。從種族、性別、同性戀的反歧視運動到貧困和環境污染等美國社會的各種問題，他們都發聲支持。

在員工福利方面也成為領先企業。筆者認為他們的成功，都是得益於員工們的努力。兩人總想為員工多做些什麼。創業初期的福利只有每天免費贈送3品脫（約1.4升）的冰淇淋。事業踏上成功之路後，BEN & JERRY'S開始了連當時的大企業也很難真的做到的利潤分配計畫，並制定學費支援制度。為了消除服務員工和行政人員之間的差別，規定最高和最低工資的差距不能超過5倍（後來改為7倍，並在必須聘請外部CEO的1994年廢除）。

BEN & JERRY'S從創始人開始的精神也融入到產品中。最初有香草、巧克力等12種冰淇淋口味，如今已開發60多種品項。冰淇淋名字的取法也很有趣。致敬傳奇搖滾樂團Grateful Dead的團長傑瑞‧加西亞（Jerry Garcia）的Cherry Garcia於1987年上市至今。歐

巴馬就任總統後，開發出名為「Yes Pecan」的產品，詼諧地轉化了歐巴馬的競選口號「Yes We Can」。

也有超越單純樂趣而追求正義的產品。2018年，為了反對川普總統的種族主義，推出「Pecan Resist」品項。另外，從1988年開始，還展開將國防預算的1%用於維持和平運動的「1% for peace」活動。為了廣泛宣傳該活動的宗旨，推出名為「peace pop」的冰淇淋，並將冰淇淋銷售收益的1%作為和平基金。

BEN & JERRY'S不僅因冰淇淋聞名，在1988年發表「使命宣言」（mission statement）後，經營管理開始受到關注。讓我們來看看詳細內容有哪些。他們的使命宣言分為三部分：產品使命（product mission）、經濟使命（economic mission）、社會使命（social mission）。產品使命是「以佛蒙特州的乳製品製作並銷售高品質天然冰淇淋和相關產品」；經濟使命是「透過公司穩定創造利潤，提高利害關係人的價值，拓展員工工作經歷和發展機會」；社會使命則是「以創新方法發揮核心作用，提高社會的生活品質」，同時還提出「三個使命並行」的共榮概念。

舉個具體的例子。佛蒙特州的牛奶生產過剩，導致市場價格暴跌，這個時候該怎麼辦呢？使用佛蒙特州牛奶是BEN & JERRY'S的使命。根據社會使命，應該要對佛蒙特州地區的社會生活品質負責。在這種情況下，因為農戶的生活變得艱困，所以BEN & JERRY'S反

而會提高收購價格。在困難的時候提供幫助才是真正的朋友，利潤減少並不意味著馬上就會虧損。公司內部十分清楚什麼是適當的界線。這樣才可以維持產品、社會、企業共同繁榮的良性循環。

從強調社會使命可以看出BEN & JERRY'S對社會企業也很感興趣。有一家名為Greyston Bakery的社會企業，以「不是為了做布朗尼而聘人，是為了聘人而做布朗尼」的經營理念而聞名。該公司於1982年開業，雇用失業者、藥物成癮者、街友、前科者，為他們提供更生的機會，這些得到機會的人為了自己的第二人生努力奮鬥。因為他們知道，如果在這裡也失敗，就再也沒有機會了。該公司還以向白宮供應餅乾而聞名。BEN & JERRY'S也向該公司進貨食材，製作人氣產品「巧克力軟心布朗尼」（Chocolate Fudge Brownie）。

BEN & JERRY'S還擔任創投公司Juma Ventures的監護人。這家公司是為14至29歲的低收入青年提供職業訓練和就業機會的社會企業。BEN & JERRY'S提供他們不須支付專利加盟金就能經營分店的權利。同時在分店選址、市場調查、室內裝潢、行銷宣傳等各個過程，將他們與其他其他加盟商一視同仁。

BEN & JERRY'S以其口味和獨特的企業文化而備受喜愛，目前業績成長至占據美國優質冰淇淋市場的25%。關注這個成長過程的聯合利華，在2000年以3.26億美元收購BEN & JERRY'S。由於BEN & JERRY'S擁有獨特的企業文化，因此決定在收購後仍維持既有活

BEN & JERRY'S的創辦人兼好友班‧柯恩和傑利‧格林菲德。
雖然創始人已離開，但他們的經營理念仍然存在於BEN & JERRY'S品牌中。

動，特別是社會貢獻活動。2006年推出全球首次使用公平貿易認證原料製作的香草冰淇淋，2010年新增此一品項。

　　BEN & JERRY'S之所以成為優秀品牌並受到喜愛，是因為他們堅守初衷，做對社會有意義的事。當公司被大企業併購，大部分創始人的初衷都會消失，但是BEN & JERRY'S並沒有，因為他們擁有獨立董事會。BEN & JERRY'S的獨立董事會成員不是由傳統意義上的高層所組成，董事會的大部分成員是NGO等外部人士。董事會的主要目的是維護品牌資產和品牌健全。比起銷售額和利潤，更關注維持產品品質。甚至在網站上也自豪地公開展示董事會的獨立性，聯合利華即使可以干預銷售等數字，也很難插手他們的經營哲學：產品、經濟和社會使命。

遵循原則就能看到出路：

Albert Heijn

拯救即期食品

#品牌一致性　#公司內部新創業務，剩食餐車

「你準備好拯救食物了嗎？」（Are you ready to rescue food）
Albert Heijn 公司內部的新創業務，剩食餐車。這是品牌一致性的典型範例。

在超市購買乳製品時一定要查看的，就是保存期限。購買牛奶等新鮮食品時，大家都想盡可能買到保存期限充裕的產品。但是往往擔心退貨或報廢的賣場會把即期品放在前面。大家應該都有過伸長手臂取出後面的產品，和前面的產品比較保存期限的經驗。

超過保存期限的產品該怎麼辦？當然是報廢。但這是很大的浪費，無論是環境方面還是經濟方面都是。還有別的辦法嗎？荷蘭最大連鎖超市Albert Heijn找到了方法。

Albert Heijn在業界頗富名聲。從事食品行業的人對全球趨勢感興趣，一定聽說過這個名字。尤其是當超市要設置植物工廠，Albert Heijn公認是有機會去荷蘭出差就一定要造訪的地方。

建立植物工廠並不複雜。在店內建造香草園，讓消費者親自採摘香草裝進籃子裡。實際操作起來就像在田裡採摘蔬菜一樣。不僅產品新鮮，顧客的心情也變得清新起來。

我們再來更仔細觀察Albert Heijn吧。可以看到這是一家致力於銷售有機產品、減少塑膠、最大限度減少食品報廢的企業，可以說是超市業界的ESG模範生。包括Albert Heijn在內的荷蘭超市，一般產品和有機產品以相似的數量和差不多的價格陳列著。在韓國，有機產品價格昂貴且品項少。市場環境不同，確實有不得已的一面。

在Albert Heijn店內包裝水果和乳酪時不使用塑膠蓋子。為了不使用塑膠盒，因此製作出不易碎裂的餅乾販售。為了讓洗衣精的容器

變得更小，還自行開發濃縮洗衣精。這些都是為了減少塑膠的使用量而採取的措施。

　　亮點是食品報廢品相關業務。他們有一個動態定價（dynamic pricing）制度，這是保存期限越短、價格越低的概念。當然，韓國的市場和超市也有「打折出清」的概念。但是Albert Heijn結合AI技術，將「打折出清」科學化。2019年5月引進的AI系統不僅會考量保存期限，還一併考慮氣候、地點、庫存狀態、過去銷售紀錄等各種資訊，再制定產品價格。並將自動更新數字的電子價格表貼在貨架上，同時顯示正常價格和打折後價格兩項指標。消費者可以透過這些數字確認隨時變化的折扣率。透過各種數據出示價格，比起依靠感覺打折，順利售出庫存的機率更高。

　　Albert Heijn透過動態定價獲得信心，成立了名為Instock的子公司。該公司是「利用即期食品製作食物的餐廳」。事情是這樣的。加入Albert Heijn的三位朋友偶然被安排在同一分店。他們瞭解到食品庫存超過保存期限後需要進行報廢的嚴重性。期間，Albert Heijn在公司內部招募新創業務。他們三人很快提出「拯救食材」概念的商業模式。顧名思義這是只用保存期限快到的食材製作食物的餐廳。

　　Albert Heijn的最高管理階層支持他們經營這家快閃店約五個月，反應非常熱烈。快閃店的營運時間延長了幾個月。然後就這樣過了五年，如今Instock獨立成為社會企業。

Instock剩食餐廳使用的食材除了即期品外，還包括庫存過剩的產品、運輸過程中外觀受損但完全不影響食用的產品。創業成員認為，只要再努力一點，每個月就能拯救約20噸食品。隨著創業成員的使命感以及製作的美味料理傳開，現在分店增加到三家。雖然不知道今後會成長多少，但肯定是有巨大潛力的商業模式。截至2021年9月底，Instock剩食餐廳共救了1080噸食物。這個規模有多大？從數字上令人摸不著頭緒。以一石米160公斤來計算，這是一個人一年內吃下的飯量。假設1080噸全部都是白米，相當於6750人吃一年的食用量。

Instock除了剩食餐廳外，還經營剩食餐車。甚至還出書，介紹煙燻、發酵等可以長期保存食物的方法。更根據這本書，每個月還開辦烹飪課。

Albert Heijn和Instock為減少報廢食品所做的努力令人感動。透過動態定價，以折扣價格向消費者銷售即期食材。如果還是賣不完，就送到Instock。即使如此仍有部分處理不了，其中20%用於動物飼料，78%用於生物燃料。只有極少數的食物會直接報廢。

食品報廢是全球性的問題。根據聯合國糧食及農業組織調查，全球每年有13億噸食品被浪費，占全世界食品產量的三分之一左右。也就是說，全球人口每人每年平均丟棄165公斤食物。食品報廢不僅帶來經濟損失，也浪費食品包裝運輸、冷卻、烹飪過程中的諸多努力，

這也是一個社會問題。

為了維持品牌的一致性需要時間和空間上的努力。時間上的努力是傳承創始人或卓越CEO的經營哲學。默克和星巴克就是這樣。空間上的努力則是在各個與消費者的接觸點上維持品牌的一致性。如果擴展這一概念，就是讓所有子公司都保持相同的品牌一致性。Albert Heijn和他的子公司Instock就是這樣的例子。

從消費者的角度進行設計：
東京瓦斯

延續90年的料理教室

#瓦斯公司的烹飪教育　#品味週

看似與料理無關的東京瓦斯，為什麼經營了 90 年的料理教室呢？

「三育」一詞是說明瑞士教育家裴斯泰洛齊（Johann Heinrich Pestalozzi）的教育思想時使用的用語。意指均衡鍛練和培養頭腦、心胸、身體，養成人格。用老派一點的方式形容，就是智育、德育、體育的和諧教育。這三種能力已經潛在於人類身上，裴斯泰洛齊主張，教育可以幫助人類不偏頗地、自然且和諧地透過生活的直覺發展這些能力。

2005年6月，日本出現「食育」一詞。如果與智育、德育、體育聯繫起來，就會發現這是培養與食物相關能力的詞。這個詞的產生背景很有趣。據說，當時擔任日本首相的小泉純一郎在內閣會議上擔心「孩子們喜歡吃速食等，不吃優質食物，會活不長久」，對此，文部科學大臣回答：「那要不要再增加一點飯量？」日本媒體便報導：「小泉可能是第一位提出兒童飲食問題的首相。」

為什麼會有這樣的對話呢？因為日本兒童的飲食問題非常嚴重。以「沒時間」、「沒胃口」為由不吃早餐的兒童正在迅速增加。用速食打發一餐是個問題，但乾脆不吃早餐的家庭數量也呈增加趨勢。結論是，越來越多日本人認為應該進行飲食教育，培養對食物的知識和選擇食物的判斷力等。

《食育基本法》就是在意識到這個問題後所制定的。相關法規完備後，多家企業和公共團體積極參與，開始將商業領域擴展到有關食育的商品開發、研討會、演講等。厚生勞動省還設立「延長健康壽

命！」的獎項，表彰地方政府或企業，並設立食育講師、食育顧問、食育菜單設計師、食品專家、食育食品協調員等多達15種的相關證照。

最先活用這種氛圍的是食品公司。他們迅速推出與本業相關的社會貢獻計畫。製作咖哩的公司開設咖哩料理教室，生產牛奶的公司開設宣傳鈣和骨骼重要性的健康教室。這些都是符合行業本質的社會貢獻計畫。

其中有趣的例子是東京瓦斯（Tokyo Gas）。該公司成立於1885年，是「日本資本主義之父」澀澤榮一與淺野財閥創辦人淺野總一郎攜手創建的，以擁有全世界規模最大的城市瓦斯業而自豪。然而卻突然開始有關食育的社會貢獻活動，瓦斯公司是又不是食品公司，這是怎麼回事呢？

總而言之，東京瓦斯的本業工作就是向住宅供應瓦斯。東京瓦斯是日本明治時代成立的公司，從1914年成立以來就經營料理教室。瓦斯公司對於「食物」的重要性不亞於食品公司，並對此感到自豪。雖然「食育」這一正式用語是2005年制定的，但是東京瓦斯從1992年就經營以兒童為對象的「兒童廚房」，歷史更加悠久。

我們來看一下東京瓦斯的食育計畫吧。1995年，東京瓦斯提出「生態烹飪」（Eco Cooking）的提案。先來看一下在家煮飯的過程，可以分為「買菜」、「烹煮」、「吃飯」、「洗碗等飯後整

理」。其中，東京瓦斯為第二個階段「烹煮」提供瓦斯。生態烹飪是減少在這一階段發生的環境污染和浪費因素的活動。例如進行教育，教導民眾不要因便宜而一次購買太多食材，防止食材在冰箱變質腐壞。在構思社會貢獻計畫時，應該從消費者的角度出發，而不是從產品的角度出發。

如果從產品的角度來看又會如何呢？東京瓦斯的代表產品是「瓦斯」。通常可能會想到的是「節約使用瓦斯」的主意，但是東京瓦斯是從用戶的角度來思考。這樣看來，東京瓦斯的業務可以定義為「供應烹飪用的能源」。雖然看似簡單，卻是困難的想法轉換。這樣轉變想法後，就可以做出更廣泛的企畫。

因為長期經營料理教室，所以也開始新的業務。例如一隻手不方便的人也要做飯，但單手削胡蘿蔔皮不是容易的事。因此東京瓦斯公司為身體不便的人想出烹飪方法並進行教學。不僅有實體授課，還製作並上傳手冊和教學影片。

東京瓦斯導入體驗（experience）、感覺（sense）等概念，再次擴展創意。體驗這個詞也可以換成經驗，在行銷理論中，強調越往原料（commodities）、商品（goods）、服務（services）、經驗（experiences）階段過渡，商品的附加價值也會越高。咖啡農賣給咖啡貿易商的咖啡豆價格非常便宜，因為這是原料。如果將咖啡豆製作成即溶咖啡，每包咖啡的價格約2.4元台幣。但如果想喝自動販賣

機的咖啡，就要花約12元台幣。而星巴克以更高的價格出售咖啡。這是為什麼呢？霍華德‧舒茲看到米蘭的濃縮咖啡店後創造新的商業模式。不是因咖啡，而是咖啡館的氣氛、優質的咖啡豆香氣、享受咖啡的金錢和時間上的從容，以及由此產生的自豪感等，因此顧客願意支付高價在星巴克喝咖啡。這就稱為體驗經濟，或經驗經濟。

東京瓦斯將五感與「吃」連結起來。說到吃會認為是「味覺」。但我們認為的味覺，實際上有90%是「嗅覺」。閉上眼睛捏著鼻子喝可樂和汽水，會分不清哪個是可樂，哪個是汽水。俗話說，「好看的糕點吃起來也好吃[1]」，視覺也很重要。嘎吱嘎吱等聽起來清脆的吃東西聲（聽覺）也有一定的作用。「觸覺」也是不可或缺，用手拿著洗淨的生菜，感覺自己的身體也變得新鮮起來。

東京瓦斯將「烹飪」視為自己的領域，因此注重烹飪過程中的五感。做菜的氣味、滋滋作響的聲音、食材顏色的變化、調味食材的行為、逐漸加熱的鍋子等。東京瓦斯尋找在料理中培養五感、用餐時培養五感的計畫，然後有件事引起他們的注意，就是法國教育計畫中的「品味週」（La Semaine du Goût）。1990年誕生的該計畫在每年10月的第三週向兒童宣揚法國飲食文化。專業廚師在小學開設「品味課程」，贊助企業開設「品味工坊」讓顧客品嘗法國美食。「品味餐桌」則是專業廚師在自己餐廳舉行的活動。

東京瓦斯以此為標杆，從2011年起將10月的第四週定為「品味

週」，以「品味課程」、「品味工坊」及「品味餐桌」三個項目為主要進行項目。製作「品味課程」使用的正式學習書籍或講師手冊，聘請著名廚師和知識份子舉辦「品味工坊」，反應非常熱烈。該計畫推行的第一年，參加人數從28所學校的2000多名學生，到了2019年，增加到262所學校的約16000名。參與活動的學生對東京瓦斯產生好感是理所當然的結果。

韓國人一定對「我們的江山綠油油」這句話耳熟能詳。這是Yuhan Kimberly於1984年開始的植樹活動口號，至2022年已經38年，是品牌一致性的很好例子。1914年開始的東京瓦斯料理教室，截至2022年已有108年歷史。持續進行了很長時間，日本人應該很瞭解這個活動吧？在不動搖品牌概念基礎的同時，東京瓦斯、Yuhan Kimberly也在計畫中增添多樣性以符合時代需求。

雖然需要時間，但是從現在開始，應該尋找只有自己公司才能做好的社會貢獻項目，並努力落實。大概前五年的時間，沒有人知道那到底是什麼活動。至少需要五年時間才能為人所知。五年後，世人就會清楚你們公司進行了什麼活動，為這個時代做出什麼貢獻。

---

1 譯註：指外表好看的東西通常實質內容也不錯。

錯失品牌策略一致性關鍵的比利時航空

比利時的代表航空公司比利時航空（Sabena Airlines）推出「豪華飛機餐」試圖吸引乘客。但是沒有人因為飛機餐好吃而買機票，搭乘飛往目的地和其他地方的飛機。因為是國營航空公司，所以只有比利時有著讓他們想前往的魅力，乘坐比利時航空的乘客才會增加。剛開始還不錯。《米其林指南》除了餐廳外，還會賦予美麗的城市星星。阿姆斯特丹獲得三顆星，而比利時有五個這樣的城市。雖然一度藉由這點引起極大關注，但由於政治因素未能延續這一勢頭。最終在舉旗不定的情況下破產了。

比利時國營的比利時航空於2001年破產，是高達20億歐元的沉重債務所造成。為了力挽狂瀾，比利時航空竭盡全力，甚至尋找買家，但無濟於事。這在當時是頗受矚目的新聞。因為這是911恐怖事件後倒閉的第一家大型航空公司。比利時航空也是歐洲第一個破產的國營航空公司。當然，任何企業都可能破產。只是比利時航空的例子告訴我們，在行銷品牌的策略

中，一致性有多麼重要。

1919年，斯內塔航空（Sneta）開始經營比利時國內航線。1923年，比利時政府接管該航空公司，更名為比利時航空。同年1月，新設了從布魯塞爾出發，經由奧斯坦德至倫敦的第一條國際航線，無疑是代表比利時的航空公司。

時間流逝。1970年代末，比利時航空的策略是強調「豪華飛機餐」。使用了「von vivant」，也就是「美食家」的概念。「搭乘比利時航空一定要成為美食家嗎？」（Do I have to be a von vivant to fly Sabena？）服裝講究的紳士淑女站在高級餐桌前的模樣，足以給人一種「啊，那間航空公司的飛機餐應該很棒！」的感覺。但是請想想，有人會因為飛機餐很棒，就搭上飛往目的地或其他地方的飛機嗎？比利時航空要想成功，必須要比利時本身具有魅力，而不是比利時航空。但是比利時很有魅力嗎？制定歐洲旅行計畫時，把比利時放在優先位置的人並不多。英國的倫敦、法國的巴黎、義大利的羅馬、佛羅倫斯、米蘭、威尼斯等，除了比利時之外，不是還有很多地方可以去嗎？事實上，1970年代末，歐洲16個國家的遊客目的地分配率來看，依序是英國29%、德國15%、法國10%、義大利9%、荷蘭6%。比利時以2%排在第14名。換句話說，這是一個沒什麼魅力可以搭飛機造訪的國家。

如何才能使比利時成為有吸引力的國家？有趣的是，《米其林指南》發揮了決定性的作用。雖然最近其權威有點下降，但如果是美食家，就會參考《米其林指南》。特別是指南中的「必比登推薦」（Bib Gourmand）介紹了餃子、冷麵等以「物有所值」價格獲得享受的餐廳，因此人氣很高。但這本指南還評價城市。和飯店一樣，賦予特別值得旅行的城市三顆星。當時在荷蘭，只有阿姆斯特丹獲得三顆星。然而，包括布魯塞爾在內，比利時有五個城市獲得三顆星。如果由你來做廣告，你會寫什麼樣的廣告文案？「美麗的比利時有五個阿姆斯特丹」（In beautiful Belgium, there are five Amsterdams）如何？這不是很有魅力的句子嗎？ 該廣告播出後，原本搭乘阿姆斯特丹發車至巴黎的列車，只會透過車窗看比利時的遊客紛紛打電話詢問。其中荷蘭觀光局局長還打電話給比利時觀光局長。不用說，荷蘭觀光局長被這個廣告氣炸了，氣到想殺了製作廣告的人。

　　這則廣告為什麼會成功？第一，利用已占據遊客腦海的阿姆斯特丹讓人聯想到比利時。無論在什麼定位計畫中，只要利用構建好的強大既定認知，就有利於確立自己的位置。第二，利用在遊客腦海占一席之地的《米其林指南》提高可信度。第三，突出值得造訪的五個城市，使比利時成為真正的目的地。

但是為什麼在20年後迎來破產的結局呢？在「美麗的比利時」電視廣告播出時，比利時航空進行組織改造。遺憾的是，新當選的管理階層沒有理解到這個廣告創造多大的機會。反而還希望布魯塞爾總部回到「歐洲的門戶」策略。而讓事情雪上加霜的還有比利時觀光局的政策。「為什麼只強調五個城市？其他城市為什麼不能加入？」甚至要求把沒有得到三星評價的城市也納入其中。

　　策略的基礎是選擇。如果選擇某樣東西，必然會犧牲未被選擇的東西。阿姆斯特丹等級的城市有五個，如果不能聚焦在這些地方，而是只想著要增加數量，這個策略就不再有意義。如果這幾十年持續宣傳打廣告，可以成為強大的市場定位計畫。比起阿姆斯特丹，許多人可能更想去比利時。比利時航空在2001年破產，著實令人遺憾。

＊參考書目：《定位：在眾聲喧嘩的市場裡，進駐消費者心靈的最佳方法》，艾爾‧賴茲（Al Ries）＆傑克‧屈特（Jack Trout）著。

Part 4

效率性：
越是大浪，越要果斷

說明效率（Efficiency）時，通常會以一滴墨水為例。在漢江滴入一滴墨水也不會有什麼變化，但如果是紙杯裡的水，用一滴墨水就可以讓整杯水變成黑色。效率就是這樣。為了提高效率，需要新的方法。前面介紹的運動用品品牌Patagonia為了「高效率」地宣傳自己的經營哲學開始了食品業務，因為他們認為僅憑偶爾購買一次的服裝產品很難改變世界。透過將自己的經營哲學與消費者每天接觸的食品相結合，試圖更有效地傳達他們的品牌理念。從這個角度來看，**釀酒狗啤酒（BREWDOG）**的策略值得關注。

　　為了成為永續發展的品牌，如何向利害關係人宣傳自己非常重要。透過商業廣告宣傳「我們做了這麼優秀的事」可能會產生反效果，很容易被指著鼻子斥責說乾脆用那筆錢多做些有意義的事。這時，口碑策略會更有效率。像日本**行方Farmers Village**的地瓜博物館一樣激起訪客的好奇心，最大限度地擴大口碑，或者像**布朗博士（DR.BRONNER'S）**一樣以強有力的表演快速獲得認可，這些方法

都值得參考。

　　同樣的好事，也有高效率的做法。像**歐舒丹**一樣分階段進化的社會貢獻也是很好的榜樣。

　　如果只追求環保，那就是適應性、一致性的領域。如果同時具備價格競爭力，就具備了效率性。Ripple Foods就是這樣，投資者排隊提供資金都是有原因的。

　　從輸出角度來看，衡量和管理績效是提升效率的起點。這方面，全球最早引進環境會計的PUMA案例很值得借鏡。

有時休克療法是必要的：
布朗博士

在緝毒局前種大麻

#行動派哲學 #大衛・布朗

布朗博士的CEO大衛‧布朗為什麼要在緝毒局前種大麻呢？

布朗博士是有機身體護理產品的知名品牌。有一件事讓布朗博士聲名大噪。2009年10月，該公司CEO大衛・布朗（David Bronner）因在美國緝毒局（DEA）前種大麻而遭逮捕。就算偷種被發現也會出事，布朗卻在光天化日下在緝毒局前種大麻。為什麼他要這麼做？因為這是他要求大麻合法化的行為表演。

　　我們認定是毒品的大麻，根據引起幻覺的物質四氫大麻酚（THC）含量分為大麻（Marijuana）和漢麻（Hemp）。以乾燥大麻為準，THC含量低於0.3%時為漢麻，高於時為大麻。主張雖然大麻成癮性很強，甚至歸類為毒品，但漢麻卻並非如此，要求允許銷售。韓國自古以來也使用大麻作為布料原料，用於葬禮壽衣的「參」就是漢麻。目前韓國的慶北安東、全南寶城、江原旌善等地仍在嚴格的條件下栽培大麻。

　　漢麻是一種對環境非常有用的作物，可抵抗昆蟲和雜草的侵襲，幾乎不須使用殺蟲劑，且由於生長茂密，讓雜草無處生長。成長速度也很快，種植120天即可收穫。兩種是最基本的。因為生長快且密集，在土地利用方面也很有效率。用途多樣也是一大優點。大麻纖維非常耐用，可用於製作繩索、漁網等。前蘇聯軍隊利用在寒冷環境下也不會斷裂的大麻纖維製作軍用繩索、帳篷等。除此之外，還可作為紙張、油漆等建築材料，以及作為漢麻油等食材的原料。布朗博士注意到這一點，便從1999年開始使用漢麻油生產身體護理產品。

布朗為什麼要冒著被捕危險表演種大麻呢？美國本來對大麻的醫療用途很友善。但是2009年歐巴馬政府發表新的管制規定。內容與大麻草銷售無關，但如果發現銷售貨款跟洗錢或非法武器交易有關，將視為犯罪者進行懲處。美國食品和藥物管理局（FDA）更進一步打擊大麻經銷商。到底能不能栽植大麻，政策非常模糊，所以才進行示威抗議。布朗博士不僅是一次性的抗議，近十年來一直為大麻合法化運動進行遊說。

多年後，2018年，川普總統簽署了包含大麻合法化在內的《農業改進法案》（Agriculture Improvement Act），使在全美種植漢麻合法化。這股變化是基於布朗博士長期為大麻合法化而努力的行動派哲學（員工行動主義是指向外通報公司內部出問題，員工積極表達意見。股東行動主義是指股東為了提高投資收益，積極參與企業決策的行為。從同樣的觀點來看，積極表達自己主張的企業也稱為「行動主義企業」）。

布朗博士的歷史可以追溯到1858年。創始人的祖父在德國獲得第一張肥皂生產許可證，製作了肥皂。1948年，創辦人的孫子在加州推出名為布朗博士的身體護理品牌，現在由孫子經營，是家延續了五代的家族企業。

該公司將all-one作為願景，即不因宗教或種族而歧視，並生產注重公平貿易和環境保護的產品。尤其是與有機農業相關的更加徹底。

有機認證領域有「95%、3公里、3年、4次」的法則。獲得認證的條件是：第一，除了水和礦物質外，產品所有原料均應含有95%以上的天然成分；第二，產品所含的有機原料種植區域半徑3公里內不得有化學設施；第三，必須使用種植3年以上的有機原料；第四，國際認證的有機認證機構應每年應對生產設備進行4次檢查。布朗博士滿足了以上所有條件，並獲得美國認證機構USDA的認證。

2018年更進一步與Patagonia等品牌一起參與再生有機認證（Regenerative Organic Certification）。這是美國農業部有機認證的進一步發展階段，增加了詳細標準，確保土壤健康、動物福利、農場工人和農民的經濟穩定。制定名副其實的全球有機農業最高標準。

布朗博士的大部分原料是與獲得有機認證的小農進行公平貿易，與小農有著直接關係，公司都知道種植和加工產品主原料的農民和工人是誰。

與其他產品相比，產品濃縮了2～3倍這一點也很有趣。高濃縮產品減少消費者的浪費，也減少了製造和運輸過程中產生的溫室氣體排放量。如果單純比較容量，價格非常昂貴，但是考慮到與其他產品相比，高濃縮產品只要使用33～50%的量就夠，這樣看來就是不錯的價格。特別是因為可以生物分解，成為親近自然的露營族和登山族喜愛的品牌。

2015年，布朗博士加入B Corporation。為了加入，企業必須每

年接受評鑑，評估企業履行了多少社會責任、多少利潤分享給社會，在滿分200分中至少要超過80分。獲得認證的公司平均得分為97分，而布朗博士獲得遠遠超過平均分數的149分。

布朗博士的行動派哲學並不只體現在產品生產上，還將三分之一的利潤捐給各種社會團體。一般來說，一些從事社會業務的公司也會把利潤的10%或銷售額的1%用於捐贈。如果超過這一數字，就會出現公司員工不滿。但該公司的成員卻並非如此，因為當初只選擇錄用同意品牌哲學的人。當然，這並不是單方面的要求犧牲。工資最低的員工也比法定最低工資多了20～30%。

布朗博士展現了家族企業的獨特性，這是上市公司不可能做到的。但即便如此也不該忽視這個例子，根據各自公司的立場利用必要的創意即可。為了在人們的腦海銘刻下自己的理念，展開強而有力的表演也是很好的參考。

我們的顧客是誰：
釀酒狗

專注於核心顧客

#負碳排　#世界第一隻創業犬，布拉肯

釀酒狗推出「Make Earth Great Again」（讓地球再次偉大）啤酒，
批評美國退出《巴黎氣候協定》。

負碳排是指吸收的溫室氣體量大於排放的溫室氣體量（主要是二氧化碳）的狀態。當微軟宣布2030年前實現負碳排，這一概念開始正式受到關注。微軟發表宣言後，多家企業爭先恐後地發表負碳排宣言。但是2020年8月，英國啤酒公司釀酒狗（BREWDOG）宣布的不是未來要達成負碳排，而是已經實現負碳排，引發世人關注。釀酒狗到底是什麼樣的公司？又是怎麼做到的？更重要的是為什麼要這麼做呢？

　　BREWDOG是由brew（意指「釀造」）和dog（意指「狗」）組合而成的品牌。該公司於2007年誕生於蘇格蘭，2008年在英國零售商特易購（Tesco）舉行的啤酒大賽中獲得第一名，證明其釀造手工啤酒的能力首屈一指。

　　該公司之所以出名，很大程度上是因為令人瞠目結舌的行銷活動。創始者是詹姆斯・瓦特（James Watt）和馬丁・迪基（Martin Dickie）兩人，還有一隻名叫布拉肯（Bracken）的狗。因為動物不能成為股東，所以在法律上排除在創辦人名單之外，但詹姆斯稱布拉肯為「執行長」暨創始成員（布拉肯於2012年去世）。將狗納入創始成員的特立獨行和獨特感，加上有趣的行銷活動，讓釀酒狗很快聲名大噪。兩位創始人甚至還乘坐坦克在倫敦市中心宣傳自己對啤酒的信念。還讓身材較小的人（侏儒）在英國國會議事堂前進行示威，要求使用較小容量的啤酒杯。

他們近乎古怪的活動只是單純為了吸引目光而進行的表演，但深入觀察就會發現，他們準確地瞄準了千禧世代消費者的心，千禧世代追求擺脫老一輩的文化，重視環境和社會的價值消費。利用坦克也是為了宣傳他們對啤酒的信念，打破對啤酒的既定偏見，讓人們愛上手工啤酒。為了引進容量更小的啤酒杯，動員了侏儒症患者，雖然評價好壞參半，但可以解讀為他們反對歧視。

2017年，美國退出防止地球暖化的《巴黎氣候協定》，釀酒狗為了批評這件事，推出一款名為「Make Earth Great Again」（讓地球再次偉大）的啤酒。 諷刺川普總統的競選口號「Make America Great Again」。啤酒瓶上描繪川普與北極熊的戰鬥，讓與環境有關的國際焦點和產品產生連結。

2018年，國際婦女節推出為期四週的「粉紅IPA」。釀酒狗的主力商品是「Punk IPA」，便把Punk換成Pink，包裝顏色換成粉紅色，裡面的內容還是一樣。該商品以20%的折扣出售給女性顧客。這個折扣率是為了反映有研究結果顯示，同樣的工作，女性的工資比男性低20%，就只是因為她們是女性。部分銷售收入則捐贈給性別平等相關的NGO團體。

壓軸項目是負碳排活動。釀酒狗透過六次群眾募資募集了9500萬美元，其中3900萬美元投資綠色項目。其中包括在250萬英畝的蘇格蘭高地上造林。他們在這裡植樹，復原80萬英畝的泥炭地。泥炭地

是在沿海溼地和沼澤中，葉子、樹枝等植物殘骸和昆蟲屍體未能完全分解，由堆積數千或數萬年的有機物形成的地形。泥炭地有著碳儲存的作用，形成一公尺深的泥炭地需要一千多年的時間。據悉，以這種方式形成的泥炭地可以儲存植物透過光合作用獲得的兩倍碳量，碳儲存量比普通土壤多十倍以上。

釀酒狗還致力於減少產品製造和運輸過程中排放的碳。為了減少製造啤酒時用的啤酒花的搬運燃料，乾脆把釀酒廠遷移到啤酒花農場附近。配送啤酒使用的大型卡車也換成電動車。

對於釀酒狗來說，品質是基本中的基本，與在消費者滿意度上堅守第一一樣，都是要嚴格遵守的事項。基礎扎實的產品，加上準確打中MZ世代喜好的行銷和宣傳活動。越是縮小核心消費客層，就越清楚誰是目標客群。從這一點來看，釀酒狗運用的是最有效的行銷策略。

環環相扣的企畫：

行方Farmers Village

用地瓜防止地方衰亡

#地瓜博物館　#菲利普・科特勒理論的真實版

行方 JA 是如何將垂死的鄉村打造成全世界都來造訪的地區品牌？

農村沒落、農業受冷落的現象並不只發生在韓國，以地瓜聞名的日本茨城縣東南部的行方市也不例外。年輕人前往大都市發展，鄉村的老人漸漸上了年紀，耕種越來困難。傳說中的地方衰亡即將到來，難道沒有解決方法嗎？這時行方市的JA全農（全國農業協同組合，類似韓國農協的組織）挺身而出。行方市的JA全農為了擺脫高齡化和農業沒落的雙重打擊，反覆苦思該做什麼。

　　隨著年輕人離開農村，地方上的兒童人數也減少，各地都出現了廢校現象。行方市也不例外。JA全農著眼於此，決定一所廢校改建成「地瓜主題公園」。自古以來行方就是以地瓜聞名的地區，因此他們宣布要用地瓜決一勝負。但是僅靠專門從事農業的JA全農，力量還是遠遠不夠。因此他們找到能將地瓜商品化的公司，是大阪地區一家名為「白鳩」的食品企業。在他們齊心協力下，2015年秋天，世界第一家地瓜博物館──行方Farmer's Village正式開幕。

　　行方JA全農為什麼向位在不同地區的大阪食品公司提議合作呢？白鳩的歷史可以追溯到1947年。最初是製作冰淇淋的公司，雖然夏天生意很好，但冬天卻飽受銷售不振的折磨。在觀察各種情況後，於1970年上市地瓜加工食品作為冬季商品。隨著該商品的走紅，公司走上穩定軌道。之後因為大阪地區有句俗諺「自古以來女性就喜歡地瓜、章魚、南瓜」，而專注在販售地瓜、章魚、南瓜相關商品上。造訪大阪的遊客一定會去的道頓堀有一家掛著大章魚裝飾招牌

的章魚燒店，就是白鳩經營的店。

　　白鳩也是日本地瓜加工食品市場的強者，特別是拔絲地瓜的市場占有率達到80%。進入21世紀以來，為保證優質原料，白鳩公司經營地瓜直營農場，並建立契作農場網絡。供應鏈分布全國各地，包括宮崎縣和德島縣。並藉此建構農業六級產業化，也就是集生產（一級產業）、加工（二級產業）、銷售（三級產業）為一體的生產線。行方JA全農對這一點持有高度評價，並向白鳩請求合作。

　　行方Farmer's Village的目標是十二級產業。十二級產業是什麼意思？這意味著除了六級產業化之外，還要集中精力進行六個項目：旅遊、教育、育兒、IT農業、交流、地區貢獻。為了創造旅遊需求，該地區必須有獨特的景點、美食和娛樂項目。行方市的核心項目是地瓜和地瓜博物館。

　　我們進入地瓜博物館看看吧。一進去先播放5分鐘的動畫片，介紹地瓜的由來等。因為是動畫，所以不僅大人、小孩，連不懂日語的外國人也能大致理解內容。動畫播放結束後進入教室。這裡很有意思。與地瓜有關的全世界知名人士都坐在那裡聽課，其中也有戴著類似面紗的美麗西方女性。出於好奇仔細觀察了一下是誰，原來是拿破崙的夫人約瑟芬。在歐洲，約瑟芬和路易十五熱愛地瓜這點眾所皆知。看到這讓人突然對地瓜的興趣急劇上升。有本事的博物館應該讓人們對這一領域產生「好奇心」，相關資訊上網就查得到，但問題是

如何引起關注。與其去羅浮宮博物館一一觀賞所有作品，不如感受「原來《蒙娜麗莎》這幅作品比想象中要小幅很多啊」、「博物館前的玻璃金字塔雖然是現代建築，但跟羅浮宮還是蠻搭的」，讓人們興致盎然地學習。地瓜博物館因此取得巨大成功。

本來可以拆除廢校，建造漂亮的新建築，但他們並沒有那麼做。博物館所在的廢校建築具有一百多年的傳統，對當地居民來說這裡承載著兒時的夢想。雖然內容物有所改變，但外觀依然完好無損，原封不動地保存著當地居民的回憶、愛和感情。

廢校內設有會議室、餐廳、博物館、加工廠、商店。會議室是我們最常想到的那種空間，牆上掛著生產地瓜的農夫照片。乍看之下以為是和這裡有合作關係的農民，聽完說明後發現並非如此。這裡是由周遭地區300名農戶出資的生產法人經營的，這些農民也算是股東。他們還在這裡當服務生。隨著地瓜博物館逐漸出名，這些農民的年收入達到約250萬台幣。與此同時，在大城市工作的年輕人開始陸續返鄉。即使有子女也不用擔心孩子的照顧問題，當地的幼兒園會照顧所有孩子。

博物館的餐廳銷售用地瓜製作的義大利麵、披薩、甜點等。Farm to table（從產地到餐桌），意即把從田裡摘下來的食材清洗後直接做成料理，所以非常新鮮。還可以參觀加工廠，特別是儲存地瓜的冷凍倉庫很有趣。在零下30°C的空間引導遊客，可以親自感受地

瓜在寒冷的設施中保存著。還可以看到製作拔絲地瓜的工廠，但這裡沒有窗戶，也就是不開放給訪客參觀。相關人士表示：「製作拔絲地瓜時要在地瓜上淋糖漿，讓糖漿確實附著的技術是商業機密。」

參觀博物館時會分發小筆記本和筆給所有訪客，裡面用密密麻麻的小字寫著各種謎題。如果對博物館感興趣並仔細參觀，就能回答這些問題。這是從廢校的「教學」特性獲得的靈感，也是為了讓訪客玩得開心而準備的小活動。結束參觀時會出現的紀念品店與其他博物館沒有什麼不同。但商店一側卻設有賣地瓜酒的酒吧，裝飾得像高級飯店的酒吧一樣華麗，四周擺放著與華麗氛圍相稱的高檔包裝地瓜商品。

這裡不只是廢校，名稱已改為Farmers Village，還懷抱變身地瓜主題樂園的夢想。占地面積達33萬平方公尺，有著地瓜田、租賃農場、栗子林、甲蟲林等充滿自然氣息的園地。小湖邊則聚集著住宿、露營區等各種體驗設施。廣闊土地上的核心設施就是廢校博物館。

當然，迄今為止也有過存亡危機。福島事件之後不斷傳出不好的傳言，說行方的地瓜可能含有放射性有害物質。行方所在的茨城縣位於福島縣下方，過去兩個縣合稱為Tokiwa（ときわ），就像全羅北道和全羅南道合稱為湖南地區一樣。這需要突破口。即使實驗結果證明沒有任何問題，但要向消費者宣傳這個事實也不是易事。

因此他們決定要利用東京的晴空塔。2012年夏天開幕的東京晴

空塔高634公尺，內有水族館、購物中心等多種娛樂設施。開業三年半以來參觀者突破2000萬人次，每年都有許多人造訪。他們計畫把行方的土壤運來這裡建造地瓜田。他們認為大眾看到此舉，應該會想「哇，這麼有自信啊。看來不用多擔心核輻射污染了吧」？這裡命名為「行方農協晴空塔辦事處」，位在水族館入口旁，只要路過都會看到。此後關於行方地瓜的惡意傳聞逐漸平息，正面突破是有效的。

筆者造訪行方Farmer's Village是為了尋找如何在廢校利用、農村支援、創造利益方面，既創造社會價值也獲得盈收的方法，結果參觀完反而想更瞭解地瓜。讓大眾瞭解、喜歡並詢問，最終買下產品，展示自己購買的東西。這裡實踐了「行銷學之父」科特勒教授在《Marketing 4.0》提到的「5A」，也就是認知（aware）、好感（appeal）、提問（ask）、行動（act）、倡導（advocate）。關於消費者行為最經典的理論是AIDMA。AIDMA指的是關注（attention）、興趣（interest）、欲望（desire）、記憶（memory）、購買行動（action）。還有行銷漏斗理論，指的是經過認知（awareness）、熟悉（familiarity）、考慮（consideration）、購買（purchase）等階段，逐漸縮小購買對象的理論。

隨著網路出現，數位時代到來，這個理論被修正。2005年日本最大廣告代理公司電通提出將AIDMA轉變為AISAS，即關

注（attention）、興趣（interest）、搜尋（search）、購買行動（action）、情報共享（share）的理論。搜尋和情報共享是消費者的積極行動。這意味著被動的消費者變成主動的消費者。2009年，麥肯錫發表「消費者決策過程」（consumer decision journey）模型。在社群媒體主導的數位時代，消費者比過去更容易獲得資訊。企業擁有的資訊和個人可以取得的資訊變得大同小異。可以說最終資訊權力轉移到了消費者手中。麥肯錫在新的階段提出「初步考慮各候選、正面評價、購買、購後經驗」的新理論。同時，如果購後經驗良好，回購時不會再從初步篩選各候選開始，而是走上直接購買的捷徑，這稱為為「忠誠度循環」（Loyalty Loop）。總結這些理論的則是科特勒的「5A」。

　　讓我們從行方Farmer's Village主張的十二級產業觀點出發，整理一下科特勒的理論。這裡種植、加工和銷售地瓜。旅遊和教育由地瓜博物館負責。這裡還有幼兒園，是為了把有孩子的年輕人重新吸引回農村的手段。並與Panasonic等IT公司合作，進行改善畜牧環境的計畫。在「讓日本農業變美」的目標下，展開與當地居民、農民、消費者的直接交流。這本身就是對社區的貢獻，是很棒的商業模式。

　　幫助農村是件好事，如果還能盈利就再好不過。想幫助的農村哪些特產比較強、要利用這些特產製作什麼、為了超越六級產業應該添購什麼設備、如何克服進程中遇到的困難等，行方Farmer's Village

做出很好的說明。

　　隨著行方Farmer's Village的成功模式傳開，這裡擠滿世界各地的農產品相關產業從事人員。筆者也在那裡會見了非洲國家的相關人士。這些人可能花了數十小時才能抵達那裡，他們認為這是值得的。這就是行方Farmer's Village的品牌影響力。要想有效地宣傳品牌，口碑比廣告更有效。行方Farmer's Village的「地瓜博物館」是使用口碑策略獲致成功的典型案例。

從頭到腳都真誠：
歐舒丹

L'OCCITANE
EN PROVENCE

最佳品牌策略——真誠

#社會貢獻的教科書 #乳木果油

真誠的綜合體——歐舒丹。

以護手霜聞名的歐舒丹（L'OCCITANE EN PROVENCE），是1976年奧利維耶・博桑（Olivier Baussan）創立的公司，最初是家位於馬賽的小肥皂廠。法國南部地區稱為Occitane，加上定冠詞就成了L'Occitane。也許因為出身地，歐舒丹的名稱後總是帶有地區名「普羅旺斯」（EN PROVENCE）。

說到L'OCCITANE，外國人也很難理解其意思。反而後面附加的普羅旺斯（EN PROVENCE）則發揮作用。法國普羅旺斯地區以耀眼的陽光、豐饒的土地和寧靜的氣氛而聞名。所以有許多畫家都愛上普羅旺斯。如亞爾（Arles）的梵谷、普羅旺斯地區艾克斯（Aix en Provence）的塞尚就是代表例子。創辦人博桑也熱愛普羅旺斯，打造歐舒丹品牌也是因為「想和全世界人一起分享普羅旺斯地區耀眼的陽光和寶貴的土地，以及這裡生產的產品」。

1980年，博桑遊覽非洲布吉納法索。布吉納法索鄰近奈及利亞，面積相當於義大利大小，人口約1800萬，是非洲最貧窮的國家之一。有著非洲國家炎熱、風沙大、皮膚容易乾燥的特性。這裡的婦女為自己和孩子塗上乳木果油的樣子吸引了他的注意。乳木果油產自乳油木。因為長得像奶油，所以稱為乳木果油。這是原住民為了保護皮膚免受風沙侵害的獨有祕方，博桑以此原料為基礎製作護手霜。歐舒丹因為這項產品開始聞名全世界。在免稅店可以買到的歐舒丹護手霜，就是起源於這裡的產品。

產品優秀和經營出色是兩回事。從沒經營過公司的博桑，隨著事業擴展遇到困難。結果經營權被一家投資公司奪走。雖然產品本身的故事很獨特，但他沒有能力將其與業務績效連結起來。

　　陷入危機的歐舒丹在雷諾·蓋格（Reinold Geiger）接任CEO後再次飛躍。蓋格在年輕時做生意賺了大錢，享有可以吃喝不盡的財富。但財富有時會成為人生的毒藥，蓋格也因長時間無精打采過日子，對生活的熱情逐漸冷卻。後來透過朋友介紹，與博桑結識並意氣相投，博桑於是將公司交給他。儘管如此，博桑仍持有約5%的股份，採取互補的合作模式。畢生致力於開發自然主義化妝品的創始人博桑負責產品開發，重視徹底分析市場的蓋格指揮經營，形成雙頭馬車體制，兩人夢幻般的搭檔受到眾多稱讚。外界如此評價：「歐舒丹擁有兩個大腦。負責感性的右腦是指導創意的創辦人博桑，掌管理性的左腦是蓋格」。此後經營一帆風順，截至2020年，歐舒丹的銷售額達到16.4億歐元。

　　當然，兩人的意見並非在各方面都一致。有時觀點不同，甚至出現互不相讓的尖銳較勁，雙方還曾因乳木果油護手霜發生激烈衝突。問題在於原料產地不是法國。蓋格強調：「使用普羅旺斯以外地方生產的原料，與歐舒丹的形象不符」。博桑則堅持：「以公平的價格購買非洲貧困婦女生產的原料是忠於企業社會責任的行為。」後來兩人一起去了原料產地所在的非洲。在現場經過幾天的討論後，得出結

論：「我們的產品標榜自然主義。如果是熱愛我們產品的顧客，就會非常關注社會弱勢群體和公平貿易。因此，繼續購買乳木果油有助於提升企業形象和增加銷售額。」

2006年，該公司成立歐舒丹基金會。基金會的主要活動之一是女性的經濟解放。基金會為了幫助布吉納法索的女性，專注進行三項業務。一是降低文盲率，使其掌握基本技能和知識。布吉納法索有五分之四的女性是文盲，為了解決這個問題，設立並營運掃盲／識讀中心。第二，透過創造收益活動的教育，幫助女性在財政上自立。為此每年都會預付80%的原料採購費用。第三是幫助微型企業創業。例如在2003年以負責採收的女性為中心建立有機農網絡。2009年起，賦予這裡的女性生產的乳木果油公平貿易標誌，並幫助當地女性進行專業生產。據統計，從基金會成立的2006年起，至今已有一萬多名女性受到幫助。

基金會的另一個主要活動是支援盲人。化妝品公司和盲人，乍看沒有關聯。歐舒丹對盲人產生興趣的背景是什麼？有一天，歐舒丹在野外召開高階員工會議。法國南部是四季都可以享受溫暖陽光和涼爽微風的地區。這時正好有視力障礙的孩子經過，聞到歐舒丹的香氣，對產品表現出興趣。看到這一幕的博桑希望讓視障者也能享受歐舒丹的產品。根據《刺胳針全球衛生》（*Lancet Global Health*）刊登的論文，盲人約有3500萬名，相當於世界人口的0.5%。

化妝品公司要用什麼方法幫助盲人呢？在產品上標註點字、為幫助盲人另外準備的善因產品（cause product）。歐舒丹就是這麼做的。從1997年開始，歐舒丹在容器上標記盲文，製作限量版產品，並將銷售額的20%捐贈給海倫·凱勒參與過的視力相關非營利組織。

點字標記並不一定只有視障者適用。眼睛正常的人看到點字，也會立刻想到視障者問題。透過觸摸點字感謝自己擁有視力，藉由思考盲人立場的過程，形成與身障人士相伴的世界基礎。

歐舒丹更加快腳步，在2001年與ORBIS合作。ORBIS是NGO組織，以預防及治療難以享有眼科相關醫療福利的發展中國家眼科疾病為目的，通常稱為「眼科飛機醫院」（Flying Eye Hospital）。ORBIS的飛機上不僅有手術室，還有恢復室、治療室等醫療行為所需的一切設施，在全世界的貧窮國家進行醫療服務。

如今企業與社區的關係非常重要。本特利大學教授拉金德拉·西索迪亞（Rajendra Sisodia）在著作《人見人愛的企業》（*Firms of Endearment*）強調了「SPICE」，這是取社會（Society）、合作夥伴（Partner）、投資者（Investor）、客戶（Customer）、員工（Employee）的字首組合而成。他主張：「就像美味的食物需要好的調味料一樣，為了成為受喜愛的企業，要讓所有利害關係人的福利達到協調。」讓我們回顧一下企業的發展歷程。創業時很少有人用自己的錢來做，大部分會接受投資和融資。為此，必須提出能夠創造利

潤的商業計畫，只有這樣才能得到投資者的投資。為了獲得利潤，顧客必須購買產品或服務。1980年代以來，顧客滿意度、關鍵時刻（MOT，Moment of Truth）等詞相繼出現。一如北歐航空CEO揚·卡爾森（Jan Carlzon）的名言「與客戶首次相遇的15秒非常重要」所說的，人們明白了顧客滿意與企業成效，也就是利益密切相關。顧客滿意相關理論成了企業管理的主流。

1990年代末起，GWP（Great Work Place，卓越工作場所）一直談論工作與生活的平衡，對員工滿意的關注越來越高。顧客滿意度的最終關鍵是取決於顧客和公司的接觸點，也就是店面員工的態度，因此出現了員工的滿意度決定企業成效的理論。除此之外，核心邏輯是對合作夥伴和社區也要像對其他利害關係人一樣關心和照顧，這樣才能好好地正常經營。

從這一點來看，歐舒丹是值得學習的標竿。歐舒丹在工廠所在的地區建造博物館，開發工廠及博物館的觀光路線。目前也有很多公司也在做同樣的事。在歐舒丹總部附近有個廢棄的修道院。這裡擁有悠久的歷史。歐舒丹將這裡改造成飯店，建造漂亮的SPA。同時還與熱氣球公司合作，開發出歐舒丹品牌的熱氣球旅遊事業。更與旅行社合作推出客製化的普羅旺斯旅遊。2011年推出網絡雜誌《夢幻普羅旺斯》，與各地人民分享普羅旺斯的文化和情報，滿載普羅旺斯的美食、飯店、SPA、文化、時尚、自然的相關報導。做到這種程度，讓

人不禁懷疑這不應該是普羅旺斯文化發展局該做的事嗎？可以感受到歐舒丹想為當地社會做出貢獻的真誠。

　　歐舒丹的盈收來源是什麼？有趣的是，創始人說是歐舒丹基金會。基金會不是賺錢的地方，那要如何成為盈收源泉呢？隨著基金會活動的強化，歐舒丹的珍視土地和真誠就會傳達給消費者，讓消費者感受到品牌的真誠。也就是說，如果品牌獨特的理念和價值得到強化，就能創造出相應的經濟利潤。歐舒丹為當地社區、原料採購、視障人士提供支援，以此與社會建立關係。一步一步前進的樣子比迅速完成所有事情更值得信賴。ESG項目，也就是執行的活動數量以算術級數增加，但品牌價值以幾何級數上升。因此歐舒丹的ESG活動可以說是效率性的教科書。

記住利益這個基礎:

Ripple Foods

價格與環境一舉兩得

#非乳製品牛奶 #亞當・勞瑞

讓美則成功的亞當‧勞瑞推出的替代奶品牌，
既環保又盈收出色的 Ripple Foods。

大家都知道牛奶有益身體健康，但近來圍繞牛奶生產的話題，出現了擔憂的言論，因為生產牛奶的乳牛會釋放大量甲烷氣體。英國皇家國際事務研究所（Chatham House）發表的《牲畜──氣候變遷中被遺忘的部門》報告指出「肉類和乳製品消費是氣候變遷的主要因素」，並強調「為了將地球的溫度上升限制在2°C以下，必須改善飲食習慣」。牲畜對地球暖化的影響遠比交通工具更大，真是令人震驚。

畜牧業公認是產生甲烷和一氧化二氮的主要原因。肥料產生一氧化二氮，牛或山羊等反芻動物在反芻過程中排放的屁和打嗝，則是產生甲烷氣體的主要原因。根據聯合國糧食及農業組織調查，包括雞、豬、牛在內的畜牧業占溫室氣體排放的14.5%，其中牛和山羊占三分之二，其次是雞和豬等。這就是為什麼在環境保護方面，開發替代奶和替代肉的原料變得如此重要。

最先引起關注的是植物肉。2019年是引爆點。Beyond Meat是該領域的領導者，2019年獲得企業價值15億美元的認可，在納斯達克上市。同一時期，Beyond Meat的競爭對手Impossible Foods和漢堡王（Burger King）合作，推出了「不可能華堡」（Impossible Whopper，漢堡王的主力漢堡華堡的植物肉版本）。目前植物肉已成為新創公司的熱門話題。

另一個備受矚目的領域是植物奶。植物奶的種類很多，除了大豆

外，杏仁、椰子等各種產品也用作原料。雖然有眾多植物奶公司，但其中Ripple Foods尤其引人注目。公司從初期開始就獲得Google和矽谷創投公司的4400萬美元投資。這到底是什麼樣的公司？

有時候比起「經營什麼產業」，「誰來做」更重要。前面曾短暫介紹過，Ripple Foods是2014年成立的新創公司，由主導高端環保清潔劑市場的美則創辦人亞當‧勞瑞，以及製造再生能源及瘧疾藥的Amyris創辦人尼爾‧倫寧格（Niels Renninger）一同成立。雖然Ripple Foods是用大豆製作牛奶，但與豆漿不同，幾乎沒有大豆特有的味道。正是這一點吸引人們的注意。Google投資、高盛後來參與追加投資也是出於同樣的原因。

Ripple Foods這個名字也很獨特。勞瑞最初創辦的公司名是「美則」（Method，方法之意）。當然，代表商品也是同樣的名字。雖然是清潔劑品牌，但品牌中完全不帶有任何與清潔劑相關的字眼。為什麼取這個名字呢？這是為了強調產品有著可以變乾淨的「方法」。據說Ripple Foods的命名不是單純的「漣漪」（ripple），而是從ripple effect，也就是漣漪效應獲得品牌靈感，蘊含引領變革的意志。

會是什麼樣的改變呢？迄今環保產品都是針對環保人士為生產對象。有環保意識的消費者即使價格昂貴，也會為了保護環境而欣然購買，是這樣的商業形式。勞瑞認為以這種方式無法進行永續的商業活

動。他認為只有為了所有人生產環保產品，也有足夠價格競爭力，才能實現真正的商業活動。如果為了經濟利益而放棄社會（環境）利益，或為了社會（環境）利益而放棄經濟利益，都不是正確答案。

Ripple Foods在創業初期也有過類似的經驗。在美國找不到蛋白質來源，最終只能從法國採購原料，但產生了關稅和運費等額外費用。為了建立起利潤結構，必須設法從美國取得原料供應。經過一番努力，終於在美國找到適合的原料，同時實現了增加社會（環境）利益（防止國際運輸帶來的燃料浪費）和經濟利益（減少採購成本）。

餐飲業不能妥協的就是「味道」。環保什麼的，不管怎麼說，如果不好吃就賣不出去。能做出接近牛奶的味道就是Ripple Foods最明顯的獨家優點。味道調整好後，接下來要調整的就是「營養」。植物奶比普通牛奶缺乏蛋白質，但是以豌豆為主要原料的Ripple Foods卻不同。產品包裝上標明「含8克蛋白質」、「糖含量是牛奶的一半、鈣含量則是生奶的1.5倍」。加上環境因素，不僅在溫室氣體排放量上，在用水量等各種環境方面也具備出色的表現。這是在各方面都有吸引力的產品。

2016年，Ripple Foods在Wholefoods超市推出四種口味的非牛奶（non milk）產品：原味、原味無糖、香草、巧克力。雖然具體銷量不得而知，但據悉年銷量為250萬瓶，年銷售額為2000萬美元。植物肉、植物奶的市場還停留在肉類和牛奶市場的1%左右。也就是

說，每100人中有99人食用原本的肉類和原本的牛奶。看似沒有市場，但只要稍微換個角度想，即可知這個領域擁有無限可能。環保是適應性和一致性的領域。如果再加上兼具價格競爭力和效率性，就可以成為藍海中的強者。Ripple Foods擁有符合ESG時代品牌的所有要素，這就是資本家排隊提供資金的原因。

提高眼界：

PUMA

供應鏈改革

#帶領PUMA復活的環境會計

Complete results and the story behind PUMA's E P&L - the first ever attempt to measure, value and report the environmental externalities caused by a major corporation and its entire supply chain

PUMA's Environmental Profit and Loss Account for the year ended 31 December 2010

PUMA 發表史無前例的環境損益評估報告（EP&L，Environmental Profit and Loss），
是第一個量化企業整個供應鏈對環境影響的公司。

PUMA因成為全球第一家引進環境會計的公司而聞名，並透過環境會計而減少營業風險，進而要求節約原料。這是單純衡量和管理績效的一般會計所無法達成的壯舉。

我們來看看運動鞋市場。1924年，達斯勒兄弟成立的鞋廠在1948年分家為愛迪達（Adidas）和PUMA。此後PUMA在市場行銷上處於劣勢，勢力逐漸衰弱，1970年代由Nike、1980年代由Reebok引領世界市場。1990年代，Nike、愛迪達和Reebok將市場三分天下。

在這樣的危機中登場的PUMA救援投手，就是約翰・蔡茨（Jochen Zeitz）。他在1990年加入PUMA，1993年帶著「德國企業史上最年輕CEO」的頭銜坐鎮指揮PUMA，時年30歲。第一階段是組織重整，第二階段是品牌重新定位，然後隨著提高盈利的三階段生存戰略取得成功，成功讓PUMA起死回生。2007年與開雲集團（Kering Group）合併，開雲集團是以古馳和巴黎世家（Balenciaga）為首，擁有多種奢侈品牌的公司。這次合併意味著PUMA的品牌價值得到一定程度的提升。

2008，恢復穩定經營的PUMA發布《PUMA願景》（PUMA Vision），表明在銷售和損益之上，更要躍升為有格調的經營的意志。並為此制定以公正（fair）、誠實（honest）、積極（positive）、創造（creative）為主要原則的框架。因此有必要用新

的標準評估業績，而不是「損益」的貨幣價值。

如今常用的會計準則有幾個問題。第一，貨幣測量問題。企業進行的交易，只會由該公司所屬國家的貨幣來呈現。根據這樣的前提，大氣中的碳排量、員工安全、健康、福利水準等無法從會計角度進行處理。第二，時間問題。一般來說，會計的計算期間是以季度或會計年度來呈現。但是現實的問題，如企業倫理、社會價值、環境相關的議題，大多需要經過數年甚至數十年的時間進行評估，這種情況不計其數。

《複式簿記》（*Double Entry*）的作者珍·懷特（Jane Glison White）聲稱：「1990年代發展良好的巨大能源企業安隆，在2001年倒閉了。2008年，全球金融市場面臨崩潰。這些都是因嚴重扭曲的企業會計造成的悲慘結果。」

因此2011年，PUMA發表全球首次的環境損益表（EP&L）。其對象不僅是總公司業務，還包括供應鏈的所有公司。Nike和PUMA運動服裝品牌只負責設計和行銷，不直接生產產品。製造商是主要的承包商。他們會從二級承包商那裡採購刺繡和運動鞋墊。製作鞣革的公司是三級承包商，生產棉花等原料的公司是四級承包商。

環境部門也將水資源利用、溫室氣體效應、土地利用、空氣污染、廢棄物等五個項目分類，並納入會計數據中。

來看看發表的結果吧。總金額為1.45億歐元，相當於同年PUMA

盈收的一半左右，金額比預期的還高。這種現象也同樣出現在其他產業。例如大多數電腦製造商在計算利潤時，不會考慮原料加工和生產、物流、處理、回收、碳排放以及水和廢棄物清理的成本。若連這些費用都考慮進去，桌上型電腦的真正成本會比零售價高出14%，筆記型電腦高出6%。

有趣的是，PUMA公布的金額中，直接影響PUMA的金額只有800萬歐元，還不到6%。剩下的都是承包商產生的金額。特別是第三、第四級承包商，比重就越大。第四級承包商如同農業一樣，會直接面對自然，對環境產生很大比重的影響是理所當然。PUMA的數據顯示，第三級承包商占19%，第四級承包商占57%。

當然，單純計算數字是沒有意義的，應採取改善措施。他們觀察了供應鏈存在哪些環境問題。首先指出的領域是鞋皮。鞋子使用牛皮製作，養牛需要飼料，而生產飼料需要大量的水。因此PUMA決定尋找非牛皮的其他材質。最終在一年後，以替代再生材質為原料的鞋子亮相。

PUMA藉由這一過程減少了供應鏈對環境的影響。換句話說，PUMA減少了自身的事業風險。不僅可以宣傳為什麼要使用替代皮革而不是牛皮，還可以藉此獲得重視環境保護的新消費者的支持。此外為了能以低廉的價格購買替代原料，還可名正言順要求下調關稅和遊說政府。

環境會計本身就具有充分的意義，因為可以彌補很多現有會計系統無法解決的問題。但是既然要做，如果能把相關生意串連起來，不就更錦上添花？就像同時兼顧效率和正當名分的PUMA一樣。

零售業巨人Kmart，被沃爾瑪超市打倒

今天的沃爾瑪（Walmart）公認是零售業巨人，但在1960年代，最強者是Kmart。無論誰來看，Kmart都是巨人歌利亞，沃爾瑪是大衛。在歷史上，因為沃爾瑪沒有以歌利亞的方式戰鬥，所以才能獲勝。它脫下笨重的盔甲，集中精力扔石頭，結果擊垮歌利亞。沃爾瑪的石頭是「建構網絡」。當Kmart意識到這一事實時，已經到了無法仿效的地步，因為分權化的系統早已根深蒂固。

1962年是美國零售業歷史上特殊的一年，這一年是Kmart、沃爾瑪、Target誕生的一年，這三大折扣公司打破了消費者購物方式及價格固定的觀念。

Kmart的歷史可以追溯到1899年。薩巴斯蒂安·克雷斯吉（Sebastian Kresge）在芝加哥開設名為S.S.克雷斯吉（Kmart取自他姓氏的第一個字母）的折扣雜貨店。隨著業務據點從城市擴張到郊外，1962年更名為Kmart的大型折扣賣場。沃爾瑪的創辦人山姆·沃爾頓（Sam Walton）也嗅到這

股趨勢，在阿肯色州開了小型折扣店。Target則是1902年戴頓・赫德森（Dayton Hudson）經營的百貨公司。僅靠百貨公司很難應對零售業的變化，因此進入折扣商店這一新的商業型態。

沃爾瑪、Kmart、Target三足鼎立的故事是著名的商業管理案例。主要情節是Kmart在2002年宣布破產，與沃爾瑪競爭的Kmart沒落，走自己的路的Target則成功實現了差異化，得以生存下來。但一開始Kmart是巨人歌利亞，沃爾瑪只是大衛。直到1980年代中期，Kmart作為業界領頭羊一直沒有遇到太大困難，堅守著市場。事實上，Kmart在1987年的年銷售額為240億美元，比沃爾瑪高出50%以上。進入1990年代，沃爾瑪開始超越，1996年沃爾瑪的銷售額達到1050億美元，是Kmart的四倍。

對Kmart沒落的看法有很多種。有人認為「隨著銷售成長率下降，沃爾瑪等競爭者的追擊越來越猛烈，Kmart帶著焦急的心情收購體育用品、書籍、辦公用品賣場等，採取積極擴張策略，最終因多元化投入的資金負擔，疏忽了對現有賣場的投資，因此在2002年破產」。但是只有找到銷售成長率下降、競爭者追擊加劇的原因，才能正確分析。上述觀點忽視了這一點。

「1976年，Kmart在全美擁有271家分店，成為折扣商店的王者。當時管理階層認為市場已飽和，便將事業擴展到飯店、錄影帶出租店等與現有事業完全無關的領域。在此期間，競爭者沃爾瑪革新物流系統，一直在追趕，最終Kmart失去領先優勢。」「競爭者改革了物流系統，但Kmart為什麼沒能革新呢？」

《華盛頓郵報》指出「Kmart一線賣場的電腦系統陳舊，對消費者喜愛的商品和非人氣商品的品項庫存管理混亂，對消費者的服務下降，賣場不乾淨，甚至不具備價格競爭力」。這與策略無關，而是與經營相關的內容。這不是選擇的問題，而是必須要做的事。Kmart真的是連這些都做不好的企業嗎？即使如此還是一度成為了業界第一？這個分析本身就令人懷疑。

原因究竟是什麼呢？沃爾瑪的歷史悠久嗎？沒有。是因為規模很大嗎？不是。但沃爾瑪是怎麼贏的呢？

沃爾瑪改變了人們對折扣零售業的看法。折扣零售業的利潤小，所以周轉率要高，因此必須位於人口密集的大城市。鄉下有折扣商店是沒有意義的，鄉下能有幾個人來買東西？但是沃爾瑪發現了利用網絡以最大限度提高效率的方法。這個方法在1984年提出，也就是廣為人知的供應鏈管理，並以這超出預想的策略，發揮了大衛投石般的作用。

「經營綜合折扣商店，至少需要10萬人口基數」，這是業界的常識。所以Kmart去了大城市。另一方面，沃爾瑪在大城市沒有力量與他們戰鬥。沃爾瑪只能進軍大型企業沒注意到的、折扣商店難以出現的小型城市。但沃爾瑪的力量並不是獨立賣場本身，而是由150個店家組成的網絡。由150個店家組成的地區網絡確保了100萬人口的基礎。沃爾瑪個體店面沒有議價能力，選擇也有限。因此基本的經營單位不是店面，而是網絡。透過這一網絡，物流和管理獲得全面落實。

　　長期堅持分權化原則的Kmart，賦予各分店店長決定產品線、供應商和價格的權力。分權化可以提供各賣場客製化服務，強化以賣場為單位的主人意識等。另一方面，構成單位的分裂是無法避免的。另外，不能與供應商談判、分享學習結果的賣場將無法享受綜合網絡的優惠。

　　如果包括Kmart在內的所有企業都經營分權化系統就不會有太大問題。但是沃爾頓的洞察力將分權化的結構變成了弱點。如果是新技術，即使晚一點也可以接受。但如果是管理出問題，即使為時已晚也要加以整頓。但是「集中化vs分權化」是企業文化、經營哲學層面的故事，不容易改變。要到破產的地步才會醒悟過來。

＊參考書目：《好策略・壞策略》（*Good strategy* bad strategy），理查・魯梅爾（Richard Rumelt）著。

Part 5

實質性：
大家一起乘風破浪

什麼是實質性？正如「玉不琢不成器」這句話一樣，實質性是指將企業理念付諸實際行動，在品牌的各個接觸點上，讓顧客親自體驗企業精神。

保險套能否成為解決貧困和氣候變遷的解決方案？可以。sustain NATURAL（永續自然）給出了答案。什麼品牌製作披薩時考慮了環境？讓我們來看看越南披薩品牌Pizza 4P's的故事。巨大變化的起點總出自微小。Southcentral基金會的改變始於將顧客稱為「顧客老闆」。維達・沙宣重新定義了商業概念，提升了行業從業人員的地位。

也有一些企業將社會弱勢族群視為招聘對象，而不是幫助對象。讓我們來看看他們採取了什麼行動以成為ESG品牌。企業採取的措施讓內部客戶（也就是員工）和外部顧客都滿意，並發展為新事業的OASYS Solution，他們的例子也非常有趣。

我們應該將利害關係人的領域從股東和客戶擴大到員工，再到合

作夥伴和社區。不僅追求顧客忠誠度，還要追求員工忠誠度、投資者忠誠度，讓我們一起從**福來雞**的案例汲取經驗吧。

行動的品牌受到喜愛：

sustain NATURAL

為女性與環境而製的保險套

#父女製作的純素保險套　#梅卡‧霍蘭德

父女製作的「純素保險套」。

父女一起開保險套公司是什麼感覺？乍聽有點害羞，也許這也是一種偏見。只要志同道合，什麼都能攜手合作。下面介紹領導代代淨的傑佛瑞・霍蘭德和女兒梅卡・霍蘭德（Meika Hollender）的保險套品牌。

　　2009年，傑佛瑞是代代淨的CEO，並創立美國永續發展協會。2010年被提名擔任綠色和平組織美國辦公室總監。除了經濟價值外，他也非常明瞭社會和環境價值的重要。傑佛瑞的女兒梅卡從爸爸經營代代淨就仔細觀察公司。公司很早就開始銷售女性有機棉條。有機棉條是梅卡的母親，也就是傑佛瑞的妻子提議的業務。對環保產品非常關心的梅卡2014年從紐約大學商學院畢業後，立即與父親一起成立生產環保產品的公司「sustain NATURAL」（永續自然）。該公司的代表商品有保險套、潤滑劑等。

　　但是為什麼是保險套呢？這些女性並沒有只把保險套當作避孕工具。她們認為飢餓、疾病、貧窮、氣候變遷和保險套之間存在著關係。她們宣稱，透過保險套可以解決這些社會和環境問題。讓我們來一個一個仔細看看吧。

　　該公司的保險套與現有的保險套不同。在其他品牌種類五花八門的保險套中檢測出亞硝胺，亞硝胺歸類為致癌物質。但檢測出的含量如何？2010年，世界衛生組織及聯合國人口基金甚至警告保險套製造商應盡量控制亞硝胺的使用。儘管如此，仍有許多製造商使用亞硝

胺。

　　但是sustain NATURAL的產品並非如此。他們的產品在化學檢測上是安全的。梅卡說：「這是要進入女性體內的產品，怎麼能加入令人擔憂的化學添加劑？」保險套會進入的女性身體部位平時保持約3.5～4.5ph的弱酸性。如果這一平衡被打破，發炎的風險就會增加。因此sustain NATURAL的所有產品都製造為弱酸狀態。不使用香料等不必要的成分，以天然橡膠作為原料，並且只使用公平貿易產品。印度南部的橡膠工廠工人得到合理的工資，且當然沒有童工（作為保險套原料的橡膠樹加工廠仍然持續發生童工及勞動環境惡劣等問題）。除此之外，在產品包裝上也使用回收材料，環境、勞動、健康等所有部門都在追求永續性。

　　因為這些努力，sustain NATURAL生產的保險套通常稱為「純素保險套」。植物性保險套，這是什麼意思？那麼有動物性保險套嗎？保險套表面使用的潤滑劑主要是稱為酪蛋白的動物蛋白。梅卡試圖用椰子油等天然油代替酪蛋白，尋找解答。但是因為椰子油會讓保險套的乳膠變薄，所以並不適合。經過多次反覆試驗，終於在利用蘆薈成分的水溶性油中找到答案。

　　sustain NATURAL不僅在產品生產上值得關注，在品牌宣傳方面也值得細究。美國保險套市場占有率排在前兩名的都是Trojan的產品。

Trojan產品包裝上畫有戴頭盔的男人頭像。品牌名稱取自特洛伊木馬，但以戴頭盔的男性、象徵男性魅力的形象被消費是事實。然而在美國，40%的保險套購買者是女性，調查顯示，大約71%的女性在購買避孕工具時感到羞愧。梅卡表示：「在美國，公然享受性生活或積極經營性生活的女性仍認為是淫蕩的女性。在紐約，甚至到2014年，隨身攜帶保險套還會成為逮捕賣淫嫌疑者的證據。」

為了改變這種認知，sustain NATURAL從產品包裝設計開始做了全新設計。淺綠、天藍、藍和白相融，給人優雅沉穩的感覺，一點也不覺得色情。選用一般女性拍攝的廣告也讓人對產品產生親近感，反映了梅卡的願望，「就像把口紅或手機放在化妝包一樣，希望任何人都能毫不羞愧地把保險套放在化妝包裡。」

2014年上市時，進駐美國最大有機超市Whole Foods Market也是不可或缺的成功因素。Whole Foods超市在大城市繁華地段販售高價有機食品，能在這裡陳列產品就是好產品的證明。sustain NATURAL在這裡新創「性與健康類」的新商品陳列類別，取得供貨上的壯舉。之後兩年間專注於擴大鋪貨。結果在2016年已向4000多家店供貨，包括200家Whole Foods、200家Target。2017年下半年度開始擴大有機衛生棉等產品線。2019年秋天被Grove併購。前面說明過，在美國併購是成功的另一個標準。

sustain NATURAL還積極參與女性健康相關的捐款活動，捐

款稅前利潤的10%等。並特別重點支持低收入婦女的性健康和計畫生育組織。其中受惠團體是「美國計畫生育聯盟」（Planned Parenthood），這是在全美經營墮胎診所、受到反墮胎論者猛烈攻擊的非營利組織。因此雖然有人批評這是否意味sustain NATURAL是擁護墮胎權的企業，但梅卡解釋說，她只是忠於創業五年前就構思的公司使命，「女性能掌控性自主」。

如何看待世界萬物，端看你怎麼想。元曉大師欣然喝下積在骷髏頭裡的雨水的故事非常有名。喝到的是蜂蜜水還是骷髏水，全憑自己的決心！sustain NATURAL不把保險套當成單純的避孕工具，而是升級為解決社會和環境問題的方法。她們沒有停留在想法，而是付諸實際行動。透過改變消費者對保險套的購買意識，成功成為ESG品牌。各位想為購買你的產品或服務的消費者提供什麼品牌體驗呢？請仔細回顧sustain NATURAL成立至今的過程吧。

整個過程都很環保：

Pizza 4P's

越南的代表性ESG品牌

#在店裡種蔬菜的披薩店

越南本土品牌「Pizza 4P's」，注重環保和走高端路線，成為越南三大披薩品牌之一。

1970年代末到1980年代初，韓國的人均國民收入突破1000美元，邁向2000美元。收入增加，消費文化也會隨之改變。尤其是追求流行的一代，他們很快就接受新文化，消費也跟著增加。1980年代初，首爾方背洞咖啡街就是這樣的地方。「懂玩」的年輕人日夜在方背洞街頭遊蕩。這是狎鷗亭柳橙族[1]出現之前的事。當時有名的店家之一就是「玫瑰森林」。1976年開業的該餐廳以披薩聞名。當時20～30多歲的年輕人中，有不少人第一次在這裡吃到披薩。2009到2019年，越南的發展速度與當時的韓國相似。也許正因如此，在越南，披薩市場也在急速成長。

目前在越南，必勝客、The Pizza Company、Pizza 4P's三大龍頭壟斷披薩市場。讓我們逐一瞭解他們的品牌故事。

1958年，必勝客在堪薩斯州以外送專賣店起家，1970年代末被夢想建立食品王國的百事可樂收購，1997年與百事可樂的餐廳事業肯德基、Taco Bell一起，以Yum! brands之名分離出來。2006年進軍越南市場，在全越南經營98家分店。截至2019年，年銷售額為7000億越南盾（約9億新台幣）。在口味和服務方面善用全球策略。

泰國最大披薩連鎖店The Pizza Company的母公司是泰國的Minor Group。董事長是「泰國飯店之王」威廉・海內克（William Heineke），也進軍越南。2013年在越南開設第一家分店後，陸續在

---

1 譯註：新造詞，源於1990年代X世代的社會問題，主要指江南區富有階層子女在狎鷗亭洞等地出沒並形成集團，並為舊世代帶來衝擊。

全國開設70多家分店。2019年的年銷售額為6000億越南盾（約8億新台幣）。這家泰國公司還推出榴槤披薩、冬蔭功披薩等獨特口味。

Pizza 4P's則是越南本土品牌。2011年成立，2019年的年銷售額為5000億盾（約6.5億新台幣），但是店面數只有20多家。與排名第一和第二的企業相比數量較少，但每家分店的銷售額卻高出許多。要實現這一目標需要顧客多或客單價高。事實上，必勝客和The Pizza Company維持低價策略，而Pizza 4P's則採行高價策略。以2019年的營業利潤來說，Pizza 4P's位居首位。

Pizza 4P's的創辦人是益子陽介。他曾擔任以網路廣告、遊戲為主要業務的Cyber Agent的投資事業部越南代表，在這裡工作到2010年。之後遞交辭呈，隔年他在越南創立Pizza 4P's。在保留披薩發源地義大利原汁原味的同時，添加日本和越南式配料，室內裝潢則呈現歐洲風格，採取「創新高端披薩」策略。

為什麼是披薩呢？據說擔任Cyber Agent越南代表期間，他為了和同事一起舉行正式的披薩派對，在後院製作了窯爐，可說是創業的起點。他和朋友一起用六個月時間製作窯爐，過程本身就很愉快，一邊吃著剛烤好的披薩一邊開懷大笑，也讓他感到很幸福。他思考著人生還能擁有什麼，便向公司提辭職，開始創業，但他本人也沒想到會發展到這個地步。

在披薩店剛開時，創始人還從義大利空運來製作披薩所需的原

料。但是運送時間漫長，新鮮度出現問題。因此他決心放棄進口，直接從越南購買食材。大部分的產品可以用越南產品代替，起司卻沒有辦法，因為沒有人生產起司。所以陽介決定自己來做起司，也就是決定在牧場飼養乳牛。他在YouTube上學到飼養牛隻和製作起司的方法。經歷各種錯誤嘗試，經過刻苦努力，終於生產出品質優異的起司，甚至可以供應給飯店。Pizza 4P's的代表商品之一就是加上自家產起司的披薩。

2019年開業的Pizza 4P's Xuan Thuy店還引進教育概念。越南的城市兒童沒有機會接觸泥土，不知道蔬菜或番茄是怎麼生長的，所以在店裡種植蔬菜。而當顧客點沙拉，店員就會問：「請問要用從種植農家送來的食材，還是用店裡栽種的食材呢？」顧客看到店裡生長的蔬菜，就會感到放心。

因為披薩的特性，店面會產生許多食物垃圾。因此引進循環型農業「魚菜共生」（Aquaponics）。利用蚯蚓將食物殘渣製作成堆肥，再用這些堆肥種植店裡的蔬菜。吃廚餘長大的蚯蚓會作為店內池塘中魚類的食物，這些魚的排泄物也用來作為堆肥。此外，還推行不使用塑膠吸管、引進太陽能發電、節約能源等各種環保活動。

Pizza 4P's的主要概念之一就是「Farm to Table」（從產地到餐桌）。使用有機蔬菜、自產起司作為食材。在初期遇到許多困難。一般的過程是這樣的。邀請有機農戶簽約。但是蔬菜長到太大會有苦

味，要提前採收才能吃到新鮮蔬菜。但是簽約農戶的立場可就不一樣了，因為是按重量計費，所以菜越大株賣得的錢就越多。在初期只能取得又大又老的蟲蛀蔬菜，根本無法用來作為食材。在進一步觀察有什麼方法後，認識了Thien Sinh 農場。Thien Sinh農場受到日本國際合作機構JICA（Japan International Cooperation Agency）的幫助，完全不使用農藥、殺菌劑、除草劑，以永續農法栽培蔬菜。日本人經營的越南公司引進得到日本幫助的農產品！這真是個不錯的畫面。

Pizza 4P's追求永續，是因為關注「人類追求的幸福」。他認為如果Pizza 4P's向顧客展示追求環保或永續的態度，顧客就會感到幸福。當然，員工也是一樣。因此他們追求的是「透過傳達驚喜分享幸福」（Delivering WOW, Sharing happiness），希望透過向人們提供新鮮有趣的驚喜，分享正能量和幸福給更多人，進而讓世界和平。

Pizza 4P's認為餐廳是媒介，商業是實現願景的手段。他們的願景是「讓世界因和平而微笑」（Make the world smile for peace），在公司名稱中加入「4P's」（4P's和for peace發音相同）也是出於這個原因。雖然只是披薩店，但擁有宏大的願景。也許就是因為具有宏偉的願景，才能快速成長為越南第三大披薩企業。

2011年開始創業時，當時越南人均收入是1700美元。在這個時期就想到有機農業、Farm to Table，很難能可貴。儘管如此，他還是懷著幸福的心情出發了，並不斷回想起當初製作窯爐時的喜悅。

Pizza 4P's一步步成長，從10人開始的公司到現在擁有2000名員工。

如果僅停留在紙上談兵，就不會有今天的Pizza 4P's。把想法付諸實行，從產地到餐桌，處處講究環保的Pizza 4P's現在已經超越越南，成為代表ESG的披薩品牌。

以工作為榮：

維達・沙宣

從理髮師到髮型設計師

#美容業的賈伯斯

沙宣的髮型設計，堪稱髮型設計界的一場革命。

美髮業的競爭非常激烈。根據2017年的資料，韓國的髮廊數量為11萬5000家。對這個數量沒概念？同時期的便利商店有4萬家，咖啡館有7萬家，髮廊的數量比這兩者加總還要多，令人瞠目結舌。然而，我們幾乎每天都會去便利商店或咖啡館，髮廊頂多一個月才去一次。每年有眾多髮廊開業，但在一年內停業的髮廊占10%，三年內成長達到40%，真是不簡單的生意。新冠肺炎來襲的2020年以後，總數量並沒有大幅減少。據統計，截至2020年9月，仍有超過11萬家髮廊。

　　1982年成立的Juno Hair是在這種困境中依然成功的公司，擁有140家直營店，員工數量也成長到2500名，這都是有原因的。Juno Hair的CEO姜允善（音譯）認為，飛躍的決定性時刻是1993年赴英國進修。當時她瞞著丈夫偷偷賣掉45坪的住家，籌措了1.5億韓元（約370萬新台幣），帶著4家店的16名員工一起去為期一個月的培訓。該教育機構是沙宣美髮學院。在當時，沙宣美髮學院是所有美髮師都想進修的夢幻教育機構。

　　創立沙宣美髮學院的維達・沙宣（Vidal Sassoon）是美髮界的傳奇人物。1928年出生於倫敦的他，雙親都是猶太人。沙宣三歲時，父親離家出走，母親無法獨自撫養他，因此把他託付給猶太孤兒院七年。沙宣在14歲時輟學，在倫敦一家理髮店當學徒，開始社交生活。後來他在倫敦梅菲爾區的沙龍逐漸積累技術，並於1954年開設

了自己的沙龍。

他成為美髮界明星。1957年，迷你裙發明者瑪麗官（Mary Quant）來訪。負責剪髮的維達‧沙宣不小心割傷了她的耳朵。她的丈夫見狀說：「哇，剪耳朵服務是額外收費的吧？你真是淘氣的英國人，居然連剪耳朵都要額外收費。」這個玩笑成了業界有名的傳說。

1963年，沙宣以經典的鮑伯頭為基礎發表新的髮型，在象徵平凡短髮的「鮑伯」中加入幾何學的「剪裁」（cutting）。稱為「沙宣剪」（Sassoon cut）的剪髮方式如今成為美髮師的基本技術。隨著「沙宣剪」的出現，髮型發生革命性的變化。

在此之前，女性每天早上起牀後都要花很多時間整理頭髮，而且沒有美髮師弄的那麼漂亮。但是剪成「沙宣剪」風格，只要洗好頭髮再吹乾，就完成了好看的髮型，甚至4～5週都不用去髮廊。從企業管理的角度來看，沙宣剪可以說是「破壞式創新」（disruptive innovation）。

這一概念是由「企管學界愛因斯坦」的哈佛大學教授克萊頓‧克里斯坦森（Clayton Christensen）於1997年提出。他把顧客分為三類：未使用特定產品或服務的顧客、使用特定產品或服務且滿意的顧客、使用特定產品或服務但不滿意的顧客。第三類客戶只要把既有的產品或服務做得更好就行，稱為「持續創新」。相反地，用以前沒有的新技術滿足第一類和第二類顧客，稱為「破壞式創新」。也就是

說，擁有這種技術的新創公司正將現有企業趕出市場。本田重機進軍美國市場，擊敗哈雷機車就是很好的例子。

想想髮廊的顧客吧。有些人在金錢和時間上都不充裕，無法享受高價又耗時的美髮服務。她們偶爾才上髮廊。沙宣為這些人提供新的髮型，使照顧髮型變得容易。平時不去髮廊的顧客上髮廊時，他們想要的不是昂貴的高級服務，而是比其他服務便宜，但費時少的「剪髮服務」，剪好後可以自己整理。綜合這些因素，可以說維達‧沙宣在美髮界掀起了破壞式創新。

1967年，他開設美髮學院。以前，美髮技術就是從「看中學」的師徒制度流傳下來。那為什麼非要開美髮學院呢？沙宣說：「人們使用我的技術時，也可以把自己的藝術融入設計中。對我來說是很有意義的事。」

分享自己的經驗並不是容易的決定，而且還是在1960年代。但是以提高美髮業水準的沙宣哲學為基礎，沙宣美髮學院成長為當時最好的美髮教育機構。由於畢業生眾多，他們在世界各地獲得名聲，銷售額和利潤也隨之增加。

如今，沙宣學院是美髮領域享譽全球的民間美髮教育機構，每年在英國、德國、北美等地培養數千名髮型設計師。其中最具代表性的倫敦學院每年有6000名學員造訪，其中韓國人約有2500名。沙宣學院每年透過創意團隊發表最新趨勢，並教育相關趨勢，提高品牌知名

度。有以無經驗者或經歷未滿三年的學員為對象的24週和30週初級課程，也有以設計師資歷五年以上者為對象訓練的核心剪法、染法等短期課程，設有各種課程項目。不僅教授理論和實務教育，還傳授與客人對話、瞭解喜好和職業風格的方法、調查客人滿意度的方法等，強調創造力和職業道德的教育。除了倫敦總部學院外，在美國、加拿大、德國、中國等多個國家也開設沙宣學院。

2011年，沙宣在美國洛杉磯的家中接受媒體採訪。記者問他關於學院的理念是什麼，沙宣表示：「共享知識是我不變的理念。我們學院和教育中心充滿活力，這股能量會刺激年輕人突破創意的界限。我告訴那些朋友，如果想到了好主意，就去試試。按照自己的意願繼續前進。」

沙宣還稱同事為「和我一起工作的人」而不是「在我手下工作的人」，這具體呈現了他對髮型設計的明確哲學。試想，如果是為某人工作會是什麼情況。在大企業上班，公司老闆就是那個某人，在髮廊上班，髮廊店長就是那個某人。沙宣認為，這和為錢工作沒什麼不同。髮型設計就是一起創造藝術的過程。因此他總是把同事稱為「一起工作的人」。

1973年，沙宣創立以自己名字命名的護髮品牌。該品牌於1983年被Richardson-Vicks併購，兩年後該公司再次被P&G收購。回顧這段歷史，P&G推出沙宣護髮產品。但沙宣和P&G的關係並不順

利。

2003年，沙宣對P&G提起訴訟。訴訟的理由是P&G沒有履行1985年簽署轉讓合約時承諾的條件。事實上，簽訂合約時，P&G在協議內容中納入獨家供應沙宣品牌產品給全球市場的條款。沙宣方面主張「生活用品業的大集團P&G冷落對促銷和行銷的投資，使沙宣品牌枯死，只偏愛自己公司的潘婷品牌」。雖然案件在開庭前就達成協議結案，但可以看出沙宣對掛著自己名字的產品有多麼自豪和珍惜。2009年，沙宣榮獲大英帝國勳章，2012年在洛杉磯家中死於白血病。美髮師追悼他為「美髮界的賈伯斯」。

沙宣進入美髮業，以幫忙洗髮的「洗髮助理」開始工作時，美髮師這個職業並不受到重視。美髮師的名字只會出現在雜誌一角，並不是受大眾敬仰的職業。但是他改變了世界上所有的價值觀和狀況，並想和其他行業分享他的經驗。

他認為美髮是非常特別的創造行為。建築師和雕塑家利用材料創造作品，但美髮師將人類組織的一部分剪掉，用顏色重新創造，從而改變人的外貌。使用「活著的素材」創造，是只有「髮型」才能實現的領域。

沙宣認為「美髮不僅是創造美的技術，還可以創造幸福」。顧客結束美髮後，從椅子上站起來，看著鏡中的自己露出幸福的微笑離開美容院，美髮師也充滿幸福感。我們經常談論服務IT化。就像AI人

工智慧改變世界一樣，修剪頭髮的機器登場不會是很久以後的事。但人們普遍認為，雖然低價服務可以由機器代替，但高價服務最終只能由人類負責。因此髮型業務根據髮型師的指尖技術，價格勢必有著天壤之別。從這個角度來看，髮型設計技術、髮型設計店經營技術被認為是未來也能生存的領域。

　　沙宣不想獨占自己的美髮才能，而想廣泛宣傳和共享。很多學生直接或間接地向他學習，結果他成了美髮界的傳說。他的支持者增加了，粉絲也越來越多，他的經濟狀況也變得更好。再次強調，討論沙宣時，他最大的功績是提高美髮師的社會地位。我們要看的是他經歷了什麼樣的軌跡，提高社會地位。另外也要思考自己的行業，又該如何掀起變革的浪潮。

不要光說，要行動：

Specialisterne

不是幫助，而是同行

#75％員工有自閉症傾向的公司　#蒲公英的用處

蒲公英是雜草的代名詞。每年春天，在山中田野、路邊牆角、人行道地磚縫隙中堅定地綻放。堅韌的生命力令人讚歎，但也有雜草要經歷的宿命，「隨時都可能被踩踏或拔掉」。尤其對過敏患者來說，蒲公英四處飄揚孢子，是誘發打噴嚏的「討厭鬼」。但蒲公英不是無用的雜草，據《東醫寶鑑》記載，蒲公英具有「解熱毒、消惡腫、散結塊、解食毒、降體氣」的功效。實際上，蒲公英根部含有改善肝功能的膽鹼成分，葉子含有具抗癌作用的水飛薊成分，花朵則含有有效保護視力的葉黃素成分。

同樣的蒲公英，從不同角度看，既是雜草，也可以當作藥材。對園丁來說，蒲公英是破壞綠茵造景的主犯。而對藥材商來說，蒲公英可是治病名藥。對人的評價也是如此。富創意和革新思考的人有時性格古怪特異，可能烙印上「社會適應不良者」的標籤，與社會格格不入，但也可能培養成領導公司的人才。關於這點，可以參考丹麥企業Specialisterne的案例。

承包軟體檢查及品質管理業務的Specialisterne公司，有75%的職員具有自閉症傾向。自閉症的代表症狀是執著於有限、重複、維持一定方式的行為或活動。這也可以解釋為他們擁有比正常人更高的專注力。創業者托基・索恩（Thorkil Sonne）注意到這一點，因為軟體測試工作非常重複，一般人沒有太大興趣，很容易就疲憊不堪，但是對於自閉症者卻是可以愉快工作，盡情發揮能力的領域。自2004

年創立至今，Specialisterne與微軟、思科（Cisco）、SAP等客戶合作，並持續成長。SAP對該公司的服務感到滿意，甚至發表直接雇用自閉症者的計畫。比利時Passwerk、德國Auticon、美國Aspiritech等也像Specialisterne一樣，雇用具有自閉症傾向的人擔任諮詢顧問、經營業務的公司也在陸續增加。

丹麥哥本哈根商學院的羅伯・奧斯汀（Robert Austin）教授為這一系列舉措取名為「蒲公英原則」（Dandelion Principle）。由此可見將「自閉症傾向（蒲公英）」視為「與眾不同的競爭力（草藥）」而非「障礙（雜草）」的模式轉變發揮了多大的影響力。看見每個人隱藏的優勢，就像瞭解蒲公英的功效一樣。只有知道其真正價值的人才能將蒲公英作為藥草使用，而不是雜草，從而獲得巨大的利益。

從這一觀點來看，2009年在印度孟買成立的快遞公司Mirakle Couriers也值得關注。從公司名稱可以看出，該公司以送貨為主要業務。意指「奇蹟」的mirakle（將c換成k註冊商標）意味著什麼呢？員工中除了四名管理人員，其他數十名都是聽障者。印度有800萬名聽障者，但是沒有適合他們的工作。創辦人兼CEO德魯・拉克拉（Dhruv Lakra）從英國牛津大學碩士畢業後，偶然遇到聽障少年，並有機會寫字交談。和他筆談時，產生了聽障者適合快遞業的想法。不太需要溝通，重要的是記住和尋找路線，儘管失聰，但專注力和記憶力非常出色。在辦公室用手語，在外部透過文字訊息溝通即可。既

然開始這項業務，就想讓他們感到自豪。他們決定在送貨時穿著印有「Delivering Possibilities（傳遞可能）」公司口號的制服。彙集各種要素，介紹嶄新商業創意的知名網站Spring Wise（springwise.com）在2011年將Mirakle Couriers選為值得關注的企業。

如果難以將雜草作為藥草運用，則可以考慮與照顧雜草的社會企業建立良好關係。航天產業波音公司的大本營在西雅圖。位於西雅圖郊區的Pioneer Industries工業公司於1966年與波音建立了合作夥伴關係。該工廠生產的金屬零件供應給波音，因此算是名副其實的一級供應商。

先鋒公司的員工大都是吸毒者和街友。該公司成立於1963年，也就是與波音簽約的三年前，創辦人本身就是經歷過酒精成癮的律師。雖然公司業務起始於提供零件給波音，但已成長為社會企業，提供從住宅服務到酒精成癮諮詢等各種服務。現在對波音公司的依賴度已經降至25%以下，在初期得到大企業的大力支持，令其他社會企業羨慕不已。

讓我們去歐洲看看吧。法國創新社會企業集團SOS（Groupe SOS）雖然是社會企業，但與普通企業競爭也毫不遜色。擁有數百家子公司，其中之一就是豪華轎車服務，但豪華轎車的司機是有前科者。乘坐有前科者駕駛的高級轎車移動？乘客很容易就會害怕。但是改變一下想法吧，有前科的人出獄後再就業簡直難如登天，很容易再

次落入犯罪陷阱。但是前科者肯定也有真正想改過自新的人。SOS就有能力辨別這種人。越是有前科者，越會認真接受培訓，因為知道這裡是自己找到工作的最後一站。SOS教育他們，教導他們安全和舒適駕駛的基本方法。教他們學會溫和地微笑，甚至學習如何在顧客面臨危險時保護他們。從某種角度看，這相當於聘請了保鑣兼司機。

我們身邊也有許多社會弱勢群體。社會並不沒無視他們，而是幫助他們解決困難，共同生活。先進國家是從招聘的角度來看待他們，不是幫助社會弱勢群體，而是活用他們隱藏的才能。參考Specialisterne、Mirakle Couriers等公司實際怎麼做，找出我們該實踐的課題吧。

比起給折扣，忠誠度更重要：

福來雞

顧客、員工、投資者的三重忠誠度

#無離職的公司 #山繆・凱西

福來雞的廣告標語「多吃點雞肉吧」。
福來雞以獨特的廣告吸引關注，但真正的競爭力在其他地方。

在美國，每年七月都會公布以銷售額為基準的餐廳排名。2021年，麥當勞排名第一，星巴克排名第二，曾是百事旗下的Taco Bell排名第三。這些都是我們熟知的世界級品牌，但是排名第四位的企業名字卻很陌生。「福來雞」（Chick-Fil-A），發音也不是很好唸。讓人好奇這究竟是什麼樣的公司，讓我們來簡單看一下。

1946年，創辦人山繆‧凱西（Samuel Truett Cathy）在家鄉喬治亞州開了一家小餐館「Dwarf Grill」。很幸運，第二年12月，美國汽車公司福特在Dwarf Grill附近設立工廠，為持續提高收益奠定基礎。1967年，他開了一家名字獨特的餐廳，福來雞（Chick-Fil-A）。「Chick」是雞，「Fil」指切片豬瘦肉（fillet），「A」指A級，展現使用最佳食材打造炸雞漢堡專賣店的企圖心。

炸雞漢堡是主要菜單，但該公司的廣告卻出現了牛。1995年開始的「多吃雞肉」（Eat Mor Chikin，為了引人注意，還故意拼寫錯誤）活動就是代表例子。在美式足球場或籃球場等人群聚集的地方，乳牛（其實是裝扮成乳牛的打工者）高喊「多吃點雞肉」。在電視廣告也沒有出現雞或雞肉，只有幾頭乳牛出現，反覆說「多吃點雞肉」。多吃雞肉的話，不就會少吃牛肉了嗎？隨著這個活動吸引人氣，福來雞這個品牌在消費者的腦海也留下深刻印象。

福來雞成功的原因是什麼？是味道嗎？因為是餐飲店，味道當然是好吃的。但這是必要條件，不是充分條件。就像福特汽車工廠進駐

一樣，在創業初期就能輕鬆克服財務不穩定的運氣也發揮了作用。但是，忠誠度管理大師佛瑞德‧瑞克赫爾德（Fred Reichheld）認為，福來雞為了提高忠誠度而做出各種努力，是成功的主要原因。

忠誠度包括顧客忠誠度、員工忠誠度、投資者忠誠度。首先來看顧客的忠誠度。有些顧客因為打二折而轉向競爭對手，有些顧客則即使打八折也不會離開。忠誠度高的顧客不會離開企業，稱為顧客維持率。有A、B兩家企業。假設A的客戶維持率為95%，B為50%。也就是說，A企業每年有5%的顧客離開，B企業有50%的顧客離開。五年後會是什麼樣子？A企業還剩下五年前77%的顧客，而B企業只剩下3%。這是巨大的差異。

有人說「如果顧客維持率增加5%，銷售額就會增加2倍」。這是暗指顧客維持率從90%增加到95%時的表現。顧客維持率為90%意味著流失10%的顧客，也就是與顧客的交易期限為10年。如果顧客維持率達到95%，流失率就會是5%，交易期限將延長到20年，這意味著交易期限將多一倍，銷售額也會翻倍。

交易十年、二十年後，出現了「顧客終生價值」（LTV，life time value）一詞。也就是說，收益不是在一年的短期之內發生的，而是從最初成為顧客到離開該企業為止，是長期發生的事。看保險或銀行就很容易理解。只要交易一次，將延續一生。忠誠度經營的基礎是，為了讓人們成為自己的顧客付出許多努力，即使沒有取得相當於

當年投資費用的成效，但從長遠角度來看還是會產生充分的效果。

速食快餐店等行業為了吸引新顧客，並讓現有顧客更常來，習慣用優惠券來吸引。福來雞想知道這種慣例是否真的有意義，因此具體研究了顧客拿優惠券的行為。結果發現，使用優惠券的顧客花的金額低，重複購買也少，且會在最繁忙的時間使用優惠券。另外還發現，沒有優惠券的忠實顧客會有被騙的感覺，頻繁的促銷也讓顧客覺得商品不具有正常價格的價值。根據這樣的研究結果，福來雞取消了優惠券的特別措施，目前只在新產品上市、開設新分店等情況才使用優惠券。

雖然取消優惠券，但並沒有取消促銷品。不過福來雞提供給孩子的促銷品與其他餐廳不同。麥當勞、溫蒂漢堡、漢堡王等大部分餐廳都提供廉價玩具，而福來雞則提供童話故事、兒童讀物、內容有益的有聲CD等。站在父母的立場看會有什麼感覺？覺得福來雞非常關注兒童的身心健康，這種好感度進一步強化了顧客的忠誠度。

如果員工忠誠度高，就會努力工作，形成充滿活力且積極的組織氣氛，當然也會得到很高的成果。因此，「如何才能提高員工忠誠度」一直是企管學界長期關注的焦點。首先要給予行業中最高水準的待遇。亨利·福特有句名言：「減少工資不會節省費用，反而會增加成本。能夠實現成本最小化的唯一方法，就是給有能力的員工高工資，好好活用他們。」也就是該給的就要給，讓員工能好好工作。另

外有研究結果顯示，有能力的員工對他們所做的事感到自豪時、認為他們的工作有趣且有意義時、感受到他們和團隊成員對公司利潤做出貢獻並得到認可時，才會努力工作。

福來雞的管理者管理職涯的方式與競爭對手的連鎖店完全不同。大部分連鎖店在調動管理者時，會逐漸升高職位和薪酬。一開始是小店面，然後是中型店，然後是大型店，有時還會派遣到新的分店。通過這些測試的人晉升為地區員工，而更優秀的人才最終會召回總公司。福來雞拒絕這種人事制度。在福來雞，會讓管理者到多家分店工作，藉此破壞現有管理者與員工或顧客形成的聯繫，這是令人難以想象的事。然而實際上，幾乎沒有管理者擔心無法在總公司工作的願景。因為這些人不是領月薪的經營者，而是認為自己是該餐廳所有者（老闆）。大部分的管理者表示「即使是在現在待的地方，一年也能賺到10萬美元以上，因此不會想去亞特蘭大（總公司）」。

福來雞是唯一一個在分店停留一年就能賺到10萬美元以上的地方。他們的目標不是成為CEO，而是經營自己的分店，提高生產效率，賺很多錢。相反地在競爭對手，越是優秀的經營者，就越會盡快擺脫餐廳管理，成為地區總公司的員工。不幸的是，這代表越是有能力的管理者，越會遠離現場，遠離顧客和第一線員工。而且在此過程中，他們對提高生產效率的貢獻越來越模糊。

凱西表示：「如果無法確信對方是一輩子都能一起工作的人，就

絕對不會雇用他為新職員。」對於是否雇要用這個候選人，最終決定經常根據訪談中「我的子女在這個人手下工作是好是壞」的答案來決定。

在美國餐飲業，店面經營者的平均離職率高達40%～50%，福來雞只為4%至6%。福來雞的店面經營者收入平均比其他速食連鎖店高出50%，因此成為店長的競爭也非常激烈，招聘80人，卻來了2萬人應徵。

基層員工的離職率也低於其他連鎖企業。業界平均為200～300%，但福來雞為120%左右。公司政策發揮了作用幫助取得如此結果。福來雞從1973年開始經營以員工為對象的獎學金計畫「卓越未來」（Remarkable Futures），每人最多可獲得2.5萬美元（約新台幣76萬元），至2018年10月，受惠者超過3.6萬人。福來雞的各分店都有刻了以下原則的裝飾板：「只與你判斷能讓人感到自豪的人來往吧。不管他們是為你工作，還是你為他們工作。」

最後來看看投資者的忠誠度。這是指投資者長期投資一家企業。一聽到「長期投資」、「價值投資」這些詞，就會想到「股神」巴菲特，他以投資但不干預經營而聞名。即便如此，只有一項他會參與干預，那就是重新調整最高管理階層的報酬體系，使管理階層的獎勵與長期投資者的利益一致。也就是讓CEO擺脫短期內要取得成果的壓力，幫助讓公司變身為追求員工忠誠度，乃至追求顧客忠誠度的企

業。

　　福來雞的創辦人凱西在2013年將公司移交給兒子丹・凱西（Dan Cathy）。因為是家族企業，所以會以長遠的眼光經營企業。

　　受到新冠疫情影響，除了部分行業外，企業的業績都很糟糕。越是這種時候，顧客、員工、投資者的忠誠度就越重要。看看福來雞的案例，並看看自己的公司能引進些什麼。

接觸的起點，共鳴：

OASYS solution

先滿足內部顧客

#約會時穿的工作服　#中村有沙

シェアするスーツ。

WWS × ジャーナルスタンダード レリューム

出自員工的創意，「約會時也可以穿的工作服」。

「3D產業」指的是「困難」（Difficult）、「危險」（Dangerous）和「骯髒」（Dirty）的行業。按照業務規定必須穿上指定的服裝和安全帽。那下班後穿著那身衣服去約會呢？豈不是太糟了。事實上，有一家公司正是因為有這樣的苦惱，才開始了他們的新事業。就是專門負責檢測供水設備、排水管工程、自來水設施改造等水道工程的OASYS solution。

2006年，創辦人関谷有三成立OASYS solution公司，在公寓水管管理及維修市場獨占鰲頭。2016年迎來成立十週年的OASYS solution展開了更新公司工作服的計畫。員工表示「在工作空檔，經常要穿著工作服直接進入餐廳，很在意周圍人的眼光」、「前往一般家庭施工時，經常會感受到顧客不友善的目光」，甚至還有意見稱「上班感覺很尷尬」。有意見說，如果改變工作服的形象，在招聘新員工時也會產生正面的效果。畢竟，比起很土的工作服，能穿帥氣衣服工作，不就更符合年輕人的喜好？

起初想開發以「既能體現職人魅力和工作服的功能，又能改變業界形象的服裝」為主題的產品。但是只是畫出模棱兩可的設計，並沒有出現「對，就是這個！」的好點子。當時結束四年營業部生活，在人事部工作的中村有沙提出破天荒的提案，她說：「為了吸引年輕人，我們來製作正裝如何？」

她是畢業於東京大學經濟學系的才女。畢業後本想找一家新創

公司工作，也曾考慮過如韓國Naver和Kakao等級的日本公司。最終她想去比較特別的公司，而且一定要在企業管理領域工作。就在那時她遇見OASYS solution。創辦人說：「不論什麼行業，做自己想做的事才是帥氣的人生。」因此她不顧父母反對，加入OASYS solution，並如自己所願分配到營業部門。有一天，她在東京市中心遇見大學同學，對方穿著充滿專業氣息的正裝，自己卻穿著邋遢的工作服。而且沒有女用工作服，所以穿的是小號的男款。入職以來，就在那一瞬間感到自慚形穢。帥氣的工作服是她的夢想，因此她提出「約會時也可以穿去的工作服」概念。經過一年多的開發，休閒西服形態的工作服問世。

這是像正裝般帥氣的設計，但是仔細觀察產品屬性，仍是完美的工作服。結實又彈性良好，有防水功能，而且不易弄髒。西裝需要乾洗，但這項產品可以用洗衣機洗。以記憶纖維製作而成，洗滌後即使不熨燙，也還是硬挺。也做了許多不明顯的口袋，以利收納作業所需的工具。

不僅內部員工，外界的反應也很好。之前有許多員工表示「反正是工作服」，隨便弄一下頭髮就上班，但是當工作服變得像正裝後，員工的髮型也明顯變得整齊俐落。不斷從要求施工的顧客那裡聽到「來施工的員工清潔度提高了」的稱讚聲。

客戶中有大型房地產公司，在得知新工作服的開發背景後提出有

趣的提案。「這項產品真的很厲害，只有OASYS solution員工能穿到太可惜了，可以讓我們公司的員工也穿嗎？」OASYS solution決心藉此機會進軍時裝業。2017年12月，成立OASYS STYLE WEAR公司，任命提出工作服想法的中村有沙擔任CEO。

2018年3月起，OASYS STYLE WEAR的產品在網站上推出。2019年2月，伊勢丹等日本知名百貨公司也開始銷售。甚至走在流行尖端的激戰地原宿的時裝店也銷售OASYS的產品。創業不到一年半就有300多家公司採用OASYS的工作服。工作風格比較粗魯的二手車銷售業等職業，也逐漸由OASYS訂製制服。還收到其他亞洲地區的各種合作邀請。

革新的起點是「對痛苦的感同深受」，OASYS的員工將自己和同事經歷的的痛苦回憶昇華，成就精采的工作服新事業，同時也將OASYS打造成與ESG時代相符的品牌。

只是換了名字：
Southcentral Foundation

不是消費者，而是Customer-owner

#醫療基金會的思想轉變

美國國家品質獎頒發給追求高品質和高生產力的企業和團體，
Southcentral Foundation 是第一個獲頒兩次美國國家品質獎的美國醫療機構。

美國國家品質獎（Malcolm Baldrige National Quality Award，MBNQA）是1988年設立的國家級品質獎項。當時，美國在全球市場競爭力落後的原因在於品質和生產力，因此設立獎項頒給在這方面表現出色的公司，才有摩托羅拉、全錄（Xerox）、IBM等企業獲獎，吸引世人的目光。目前獎項範圍不僅包括製造業，還擴大至中小企業、服務業、非營利組織、醫療和教育領域。其中，醫療領域唯一在2011年和2017年兩次獲獎的機構，就是位於阿拉斯加安克拉治的Southcentral Foundation（SCF）。

　　SCF照顧著65000名阿拉斯加原住民和美洲印第安人的健康。一般來說，阿拉斯加原住民和美洲印第安人因酒精成癮和糖尿病、肥胖，自殺率非常高，是好幾世代都飽受痛苦的弱勢群體，而他們在醫療體系中也備受冷落。過去由原住民健康服務（Indian Health Service）的組織負責他們的醫療保健系統時，患者接受第一次診療要等數週時間，若是不嚴重的症狀治療，需要在擁擠的急診室等待幾個小時，還得忍受無禮且毫無誠意的對待。1953年作為結核病療養院開業的醫院，隨著時間流逝增加了多種診療科目，但冰冷、漠不關心的氛圍依然如故。

　　但是現在有了Nuka照護系統，發生翻天覆地的變化。Nuka是阿拉斯加原住民語，意為「巨大的生命體」。該系統由阿拉斯加原住民直接持有並經營。所有員工的55%、95%的助理和60%以上的高階管

理人員都是阿拉斯加原住民。只要在下午4點半前抵達,當天就可以接受第一次診療,等待時間平均不到20分鐘。員工滿意度達到90%,顧客滿意度達到97%。不僅是服務變好,醫療成果也非常卓越。幾十年前,阿拉斯加原居民出生後28天內嬰兒死亡率為美國最高,現在則是最低。看到這一結果,全世界醫院及公共衛生人士甚至來到安克拉治,親眼見證並學習究竟發生了什麼變化,哈佛醫學院也進行案例研究並發表結果。那麼到底發生了什麼改變呢?

1997年初,阿拉斯加議會通過一項法案:阿拉斯加原住民可以擁有他們醫療機構的所有權及管理權。事實上,這一立法過程並不容易。儘管如此,當時的CEO凱瑟琳·戈特利布(Katherine Gottlieb)仍大力推動,因為她認為,只有阿拉斯加的原住民知道自己是醫院的主人並對此感到自豪,才能好好進行治療。

在SCF,患者不叫患者,而是叫「customer owner」(客戶所有者)。阿拉斯加原住民有很多糖尿病、肥胖等疾病患者。不是只來醫院看病就好,而是平時就要養成良好的生活習慣,這完全取決於個人的控制。SCF認為,只有稱其為customer owner,原住民才會切身感受到「我的健康和治癒的根本責任在我身上,醫生只不過是給忠告的人」,並採取更積極的行動。

由每組8人組成的綜合治療組(integrated-care team)治療1200至1400名customer owner。團隊有醫生、諮詢師、營養師、護理

師、行政管理師、藥師、行為健康顧問。一個家庭長期接受同一團隊管理，所以彼此無所不知。醫生治病，行為健康顧問則激發生活動力。

牙科診療服務特別受歡迎。除了治療蛀牙或牙齦疾病，也努力與customer owner建立情感交流。人們在悠閒自在的氣氛中吐露心跡，如「家裡沒有食物」、「擔心子女是否陷入藥物成癮」、「配偶行使暴力」等私密的故事。仔細觀察就會知道，他們並不是因為牙痛來看診，而是想擺脫丈夫的暴力。在這種情況下立即採取措施，還可以接受精神科諮詢。

糖尿病的治療成果也很驚人。病患可以理解飲食控制、運動、睡眠、壓力管理是必須的，但是要付諸行動並不容易。他們如何說服50多歲的阿拉斯加原住民？這些原住民十有八九有孫子，或總有一天會有孫子，他們當然想教孫子打獵或釣魚。因此對於50多歲的男性更加強調「糖尿病會導致視力下降和指尖麻木」，那麼這些原住民為了展現自己帥氣的樣子給孫子看，就會努力用自己的力量改善健康。也就是集中精力在激發內在動機，讓他們自行產生變化。

雖然會盡可能等待customer owner自發行動，但只有名為FWWI（Family Wellness Warriors Initiative）的家庭健康項目是在SCF的強力主導下進行。在五天四夜裡，每天圍坐14小時，講自己的故事，回顧共同的歷史，努力和平接受自己做的事或所遭受的事，主要由戈

特利布親自主持。回顧過去的創傷和隱藏起的羞恥心是非常艱難的過程，但也讓人感到解放。

　　SCF創造的customer owner一詞並不是從天上突然掉下來的。原住民因為自己的身分受到歧視和差別對待，為了驅散這些歧視應該要做些什麼，經過深思熟慮才得出這樣的結論。需要制定新的法律，但是灌輸給原住民自己是主人的意識，也是同樣重要的。就像迪士尼將顧客稱為「cast」，將服務生稱為「casting member」一樣。所有改變都需要開端，如何製造開端，SCF是很好的例子。

被浪捲走的企業 ▶ **因恐懼的文化而放棄手機事業的Nokia**

　　芬蘭的國民企業Nokia在智慧型手機登場之前還是手機市場的絕對王者。但是隨著智慧型手機的出現和性格如火般的CEO就任，掩蓋問題的「恐懼文化」掐住了Nokia組織。雖然存在各種內在外在原因，但由於這種文化，Nokia雅最終急躁地停止了手機事業。在經歷風風雨雨後，Nokia戰勝了恐懼文化，並專注於網路事業，Nokia復活了。這充分說明了組織成員的心理安全感有多麼重要。

　　Nokia成立於1865年，擁有150多年的傳統，是芬蘭的國民企業。1984年進入手機領域，1990年代迎來全盛期。1999年市占率超越手機強者摩托羅拉（Motorola）。之後占據全球手機市場的40%，開啟了Nokia的世界。但是從iPhone問世，隨著智慧型手機登場，一切開始發生變化。但是一開始誰也沒有料想到Nokia會沒落。

　　iPhone、Android手機、黑莓機分別以高級、俐落、便利緊追在Nokia之後，但芬蘭巨人確信新的作業系統Symbian

會讓競爭者望塵莫及。墜落是一瞬間的事。不斷失去市場的Nokia最終在2013年將手機業務出售給微軟。問題出在哪裡呢？

最常受到的批評是「只滿足於普通手機，錯過了智慧型手機時代到來的時間點」。從大方向來說這是正確的。但是Nokia也有夠多的專家，他們不可能不知道智慧型手機時代已到來。據悉，實際上Nokia那時也正在認真準備智慧型手機市場。那麼是不是在溝通上出了什麼問題呢？

倫敦大學貝葉斯商學院（Bayes Business School）教授安德烈·斯派瑟（Andre Spicer）表示「問題很明顯」。簡單來說，Symbian作業系統非常糟糕，處理速度太慢，比蘋果推出的iOS作業系統落後很多。Nokia員工也知道與每天都在不斷革新的眾多智慧型手機較量時，自家公司產品的競爭力不足。但他們卻閉口不談。斯派瑟教授這樣解釋了原因：「員工不願意向上級傳達壞消息，因為怕被當成是消極的人。要想在Nokia站穩腳步，只能共享樂觀的願景。」

如果Nokia是家不起眼的公司，那麼就可以大膽地發表自己的意見。但這可是芬蘭最好的工作，是可以端上全世界檯面的公司呢！Nokia員工無論如何都想得到公司的認可。想當然耳，他們為了不惹惱管理階層而小心翼翼。結果對於上司的無

理要求只提交樂觀報告，如果不能正常履行要求，就給出辯解的報告，只要能避開眼下的情況就好，反覆出現惡性循環。「我們總是報告產品即將上市，但不去碰需要六個月以上才能改善的問題。」

芬蘭阿爾托大學的蒂莫‧比奧里（Timo Vuori）教授和歐洲工商管理學院INSEAD的Quy Nguyen Huy教授也發表類似的研究結果。他們從2005年到2010年深入採訪了見證Nokia興衰的76名工程師。

工程師們認為手機事業失敗的原因並不是因為錯誤的規畫或策略。他們坦言「因為恐懼的文化掌控了公司」。接著坦承說：「因為每件事都擔心會讓神經質的領導者害怕，所以很難說出真相」。Nokia歷史上最神經質的前CEO康培凱（Olli-Pekka Kallasvuo），經常被描寫成嗓門爆炸般大聲的人物。有傳聞稱他會在員工面前用力敲桌子，震到連桌上的水果都彈走了。

哈佛商學院教授艾美‧埃德蒙森（Amy Edmondson）強調了心理安全感（psychological safety）的重要性。心理上的安全感是指「即使向同事誠實地展現自己的本來面貌，也能感到舒適的狀態」。失誤時、提問時、甚至會議中提出少數意見時，成員們也要感到心理上的舒服。這種組織經常說

「Speak–Up」是自由的。成員如實陳述意見，自由提出改進工作實踐和流程的創意性、建設性想法。對於可能對組織產生負面影響的慣例、事件、行動，不分級別，都可以説出自己的信念。與卓越的領導能力相比，人們會認同擁有良好企業文化的企業更優秀，都是有理由的。

讓Nokia進入成功行列的是約爾馬・奧利拉（Jorma Jaakko Ollila）。他從1992年到2006年擔任14年Nokia的CEO。他的繼任者就是之前提到的康培凱。從2006年到2010年擔任CEO，把Nokia變成「因為害怕而什麼話都説不出來」的組織。即將沉沒的Nokia的救援投手是微軟出身的史蒂芬・埃洛普（Stephen Elop）。他是在2013年將手機業務出售給微軟的罪魁禍首。過程中，他實施了高強度的組織重整，並在得到高額報酬後重返微軟，因而被批評是「特洛伊木馬」。此後的7個月裡，Nokia沒有CEO。這是一段非常混亂的時期。幸運的是，2014年拉吉夫・蘇里（Rajeev Suri）擔任CEO後，Nokia開始走上重生之路。儘管手機業務部門消失了，但成為無線網路設備事業的強者。

如今Nokia已經沒有恐懼文化。成員以開放的心態盡情表達創意見。2006年新領導登場時，如果心理上的安全感得到保障，能生存下來嗎？ 當然這是無法保證的事。成功需要

持續創新、專業、獨創性、團隊合作等各種因素。 但是2014
年，隨著新領導人的登場，Nokia找到了心理上的安全感，成
功東山再起。可見組織只要擺脫恐懼，不管想成長多少都是有
可能的。

＊參考文獻：《心理安全感的力量：別讓沉默扼殺了你和團隊
　的未來！》（*The Fearless Organization*），艾美·艾德蒙森
　著。

結語

積極行動者的品牌：
品牌行動主義

　　克里斯欽．薩卡（Christian Sarkar）和科特勒在合著的《品牌行動主義》（*Brand Activism: From Purpose to Action*）中，將品牌視為一種社會存在，不只代表在消費者心中追求的價值和目的，更意味積極參與各種社會議題，發聲並行動，這種現象稱為「品牌行動主義」（Brand Activism）。他們還表示：「品牌行動是指企業為增進公共利益而履行社會責任的宣言。什麼都不做比付諸行動的風險還大。」

　　當然，過去也一直要求品牌為社會做出貢獻，這些要求透過善因行銷（Cause Marketing，企業活動與社會議題連結的行銷）等不斷實踐。如果說現有的善因行銷是從行銷開始走向社會的，那麼品牌行動主義則是從社會出發走向行銷。簡單來說，品牌行動主義可以定義為「品牌作為具有世界觀和人格的社會存在，參與各種社會、政治、經濟或環境議題，發聲並積極行動，努力創造社會的積極改變」。對

此產生共鳴並追隨的消費者，將超越單純消費品牌的顧客角色，而是進化成「品牌公民」。前面介紹的25個品牌都是忠實於品牌行動主義的案例。

品牌行動主義崛起的原因

那麼，品牌行動主義崛起的背景是什麼呢？

首先是消費者意識及行為的變化。到目前為止，品牌的主要作用是傳遞產品本身的功能、體現情感價值或消費者自身的形象。但是現在消費者期待品牌發揮更大作用。他們希望品牌像優秀的人格一樣，能夠引領並履行正面社會作用，期待品牌成為能讓自己產生共鳴和願意追隨的對象。比起以甜言蜜語和美麗裝飾而閃閃發光的品牌，更會為了為社會的不公義行為發聲的品牌鼓掌。2016年8月，美國因警方過度打壓黑人的爭議，歧視黑人和有色人種的問題迅速升溫，時任NFL（國家美式足球聯盟）舊金山49人隊的四分衛科林·卡佩尼克（Colin Kaepernick）在比賽開始前拒絕唱國歌，並透過單膝跪地對種族歧視表達沉默抗議。不僅在美式足球，各領域的運動選手也參與他的行動，得到許多反對種族歧視和呼籲平等者的支持，但也引起保守主義人士的強烈反對，其中包括川普總統在內。在煽動社會分裂的爭議中，2017年3月，卡佩尼克與球隊的合約到期成為自由選手，但

由於沒有球隊願意讓他加入，所以沒能繼續選手生涯。2018年9月，Nike為迎接「Just Do It」口號發表30週年而推的「Dream Crazy」活動，選擇卡佩尼克作為主要模特兒。反對該廣告的部分保守主義消費者在社群媒體上傳了燃燒或撕毀Nike運動鞋的照片，並宣布發起抵制運動。川普總統也透過推特公開批評，在社會上引起軒然大波。Nike不顧這種反對聲浪，表示卡佩尼克是「利用體育的影響力，為世界發展做出貢獻，是近年來最鼓舞人心的人物」，明確表示將把30週年活動進行到底。

另外，消費者日益提高的社會參與傾向與跨媒體環境相結合後，更加積極有力地發揮對品牌的影響力。《融合文化》（*Convergence Culture*）的作者、南加州大學教授亨利·詹金斯（Henry Jenkins）主張「參與式文化」不是只按照技術水準來完成，而是直接由消費者來完成。這本書中提到的「跨媒介敘事」（transmedia storytelling）是指超越媒體的制約，將個人經驗以加工後的故事形態透過各種平臺傳達。消費者現在已然超越了品牌故事的接受者，成為參與者，親自製作並共享內容，即使不是網紅，也會果斷地用內容表達自己的意見。最終，消費者的意識變化與他們對品牌日漸提升的影響力相結合，行成企業的品牌行動主義。

從企業的立場來看，為了加強消費者的品牌忠誠度，必須將品牌行動主義概念反映到品牌管理活動中。近來與「力量品牌」（Power

Brand）略有區別的概念「備受矚目的品牌」（Admired Brand）日益受到關注。通常在談到形成品牌資產價值的源泉時，都會提到「品牌資產價值金字塔」（Brand Equity Pyramid）。換句話說，構成某品牌資產價值的要素，可以用三個階段組成的金字塔形階層結構來解釋。最低階層是品牌知名度（brand awareness），下一階段是品牌聯想（brand associations），最後階段是品牌忠誠度（brand loyalty）。但是「備受矚目的品牌」是指金字塔頂端的品牌忠誠度達到最高階段的品牌，也就是所謂擁有強大粉絲群的品牌。用每首推出的歌曲都攻占Billboard排行榜榜首的南韓偶像團體BTS粉絲俱樂部「Army」來想就很容易理解。在網路和社群媒體連結全球的世界，再沒有比在全世界擁有廣大粉絲的品牌更強大的了。

我們應該追求哪個領域的品牌行動主義

　　品牌行動主義根據目標領域大致分為6種類型：商業、政治、環境、經濟、法律、社會。例如，如果是性別平等或反對種族歧視等議題，可以分類為社會類別，如果是氣候問題或防止環境污染等議題，可以視為環境類別，如果是與合作企業的互助成長或最低工資等議題，可以視為經濟類別。

　　那麼，企業會在哪些領域實踐品牌行動主義呢？

回答這個問題，應該先思考並明確定義企業品牌追求的核心價值和世界觀開始。也就是說，品牌在選擇領域之前，首先要掌握自己的本質。深刻思考自己的核心價值是什麼，並計畫加強這一目標的品牌活動。例如，如果運動服品牌將平等作為核心價值，那麼只要製造並實踐「在運動中性別和年齡無關」的資訊即可。不符合品牌形象的議題很難得到共鳴。要以品牌的本質為基礎，設定自己的價值，然後制定符合該價值的資訊和行動。

　　Levi's Music Project是社會行動的好例子。Levi's於2015年開始的計畫中，與各國眾多知名音樂人合作，為想學習音樂、成為音樂家的地方青年免費提供高水準的音樂教育，並創造出道機會。2017年與美國饒舌歌手、演員暨著名製作人Snoop Dogg合作，獲得熱烈迴響。2020年，透過馬來西亞版「Levi's Virtual Showcase」從200名參加者中選出4名藝人，提供錄音機會，並為Levi's的線上舞臺Levi's Virtual Showcase提供表演影片。Levi's將實現青年夢想的社會價值實踐在音樂上，在音樂這具原創性、影響力高的領域獲得眾多共鳴。

　　雖然勞倫斯·芬克的一封信扣下扳機，但股東資本主義到利害關係人資本主義的潮流從以前開始就存在。ESG這個詞看似新穎，但實際上是意味著永續經營的多種趨勢之一，龐大的資本也無法忽視這一趨勢。MZ世代的崛起則正在加速這一進程。

　　筆者在本書中介紹了ACES模型，有助於打造出長期受喜愛的品

牌。然後我們分別瞭解了可以作為借鏡的案例。以這些案例為基礎，來實踐適合自己的品牌行動主義吧。希望這25個例子能作為良好的參考，企畫出更有意義的活動。